# 授業で使える マイクロスケール実験

【編著】芝原 寛泰
【 著 】佐藤 美子／柴辻 優俊／齋藤 弘一郎／谷﨑 雄一
　　　　坂東 舞／田中 雄貴／中神 岳司／中野 源大／沼口 和彦

電気書院

# はじめに

　本書は，「マイクロスケール実験」の学校現場での普及を念頭に，小学校から中学校さらに高等学校を対象に，教材開発の例と探究的な活用例について，学校現場での実践成果をもとにまとめられています．マイクロスケール実験の教材開発の経験を踏まえ，学校現場において「授業で使えるマイクロスケール実験」として提案しています．第1章ではマイクロスケール実験の背景，第2章では多くの実験テーマの事例について，第3章では導入と活用のための探究活動の実践例，さらに第4章ではマイクロスケール実験に活用できる実験器具の例について触れています．特に第2章は，学校現場への導入経験を踏まえた多くの執筆者による事例で構成され，準備する器具や薬品，詳しい実験方法，さらにワークシートの形で実験結果と考察をまとめています．各事例の末尾には「解説」として，教材実験の詳しい背景や理論，実験指導上の注意事項が記載されています．執筆者はいずれもマイクロスケール実験のメリットに共感し，また教材開発と授業への導入について，深い経験をもっています．以上からも，授業への導入に向けて，大きな助けとなる情報が盛り込まれています．

　本書の読者対象として，

- ・小学校から高等学校にいたる理科授業に関わる教員
- ・理科教科書に掲載されているマイクロスケール実験について詳しく知りたい人
- ・理科教材実験に興味・関心をもつ教員志望の大学生および指導にあたる大学教員
- ・SSHなどの活動で探究活動を模索しながら参考書を求める生徒
- ・これからの理科教育・理科実験の方向性について参考資料を求める人

以上の方々を想定いたしました．

　「簡単・時短・実感」のキャッチコピーは，マイクロスケール実験の特徴を端的に表現しています．教材開発の際には，身近な材料と器具を活用して，簡単な操作により，時間短縮につながる工夫を重ねています．だれでもが使える身近な実験器具と安全性の確保も大きな特徴です．一人ひとつの実験器

具を使って行う実験体験は，大きな達成感と深い考察を生み，さらなる探究心を呼びおこします．マイクロスケール実験を含む個別の実験活動が，日常的な理科実験の姿になれば，子どもたちのもつサイエンスリテラシーも大きく向上します．

　マイクロスケール実験の学校現場への普及が，SDGs の目標のひとつ「質の高い教育をみんなに」につながれば，望外の喜びです．

　長期間にわたり根気よく編集作業に携わっていただいた（株）電気書院の近藤知之氏に深く感謝いたします．

2023 年立春　著者を代表して
芝原寛泰

# 目　次

# 第1章
## マイクロスケール実験について

## 1.1　マイクロスケール実験の特徴

　実験器具を小さく，また試薬の量を少なくして行う「マイクロスケール実験」は，理科実験の新しい取組みとして学校現場で注目されています．実験スケールを通常よりも小さくするだけで，色々な効果が期待できます．平成20年度から中学校および高等学校理科の学習指導要領解説—理科編[1)]にも，実験廃液の削減の観点から「マイクロスケール実験など，使用する薬品の量をできる限り少なくした実験の機会を適宜設けることも考えられる」として紹介されています．平成29年度，30年度に告示された同解説[2)]にも記載され，現在に至っています．

　今までの数多くの教材開発と授業実践を通して，マイクロスケール実験が「環境にやさしい理科実験」から，「実験・観察力」，「考える力」，「コミュニケーション力」などの育成にもつながる，新しい授業展開が可能な実験方法であることがわかってきました[3)]．最近は，一人ひとつの実験器具を用いて行う「個別実験」が可能であること，また「探究学習」の手段として，考察の深まりが期待できることから，「思考力・判断力」の育成にも活用が進んでいます．

　理科の教科書にも教材実験として多く採用されるようになっています．例えば，図1は中学校第3学年理科の教科書からの抜粋です[4)]．セルプレートと点

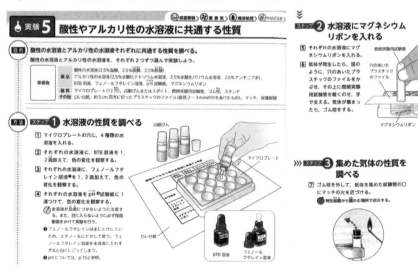

図1　教科書の掲載例
（啓林館『未来へひろがるサイエンス3』より抜粋）

眼びんを用いた，ごく少量の試薬で水溶液の性質を調べています．また簡便な方法で気体の発生と確認も行っており，いずれもマイクロスケール実験の利点を活かした，取組みやすい実験といえます．その他の教科書における掲載例は引用文献 5) から 7) に示しています．

マイクロスケール実験の特徴は歴史的な発展の流れからもうかがうことができます．1950 年代の米国において分析化学の分野で提唱された「セミマイクロ法」にその起源があります．当時は，マイクロ～ミリグラムの試薬量でも，検出や分析を可能にする「極微量分析法」が注目されていました．実験器具の大小ではなく，分析可能な試薬の量に注目した「セミマイクロ法」でした．日本では 1960 年頃に理科教育への応用が提案されています．新海勝良により「セミマイクロ実験」として，実験器具の商品化，実験書の出版も行われました 8,9)．その後，1980 年代には，公害が社会問題化するなか，グリーンケミストリーの考えのもと，米国の大学で有機化学実験の分野において「マイクロスケール実験」による研究方法が開発されました．さらにナショナルマイクロスケールケミストリーセンター（NMCC）が組織され，毎年開かれる講習会により，小学校から大学に至る教育現場においても，マイクロスケール実験は米国内だけでなく世界中に広まり，日本でも紹介されました．詳しくは引用文献 10) を参照してください．日本を含む多くの国々で活用されているマイクロスケール実験のもつ特徴を，以下にまとめました 3)．

① 従来の実験器具よりスケールを小さくして，試薬と経費の節減，実験廃棄物の少量化（省資源，省エネルギー）が可能
② 試薬が少量で危険が少なく事故防止に役立つ
③ 実験操作の簡略化に伴う時間の短縮で授業時間を有効に使える
④ 1 ～ 2 人の個別実験が可能で，達成感が得られる
⑤ 理科実験室でなく，通常の教室でも実施が可能
⑥ 小中学校では実験経験の少ない教員でも指導・実施が容易
などがあげられます．

特徴のうち③および④は，これからの理科教育でも求められる大きな要素となります．

「グリーンケミストリー」の考え方に端を発したマイクロスケール実験は，現在では，さらに GSC（グリーンサステイナブルケミストリー）の理念のもと，化学教育にも大きな示唆を与えています．

## 1.2　マイクロスケール実験と 通常スケール実験との違いについて

　電気分解の実験を例に，マイクロスケール実験と通常スケール実験との違いについて説明します．電気分解は中学校第3学年「化学変化とイオン」および高等学校化学基礎「酸化と還元」の単元で学習する教材実験です．イオンの概念を獲得して，さらに電気エネルギーと化学エネルギーの変換を実感するためにも重要な実験です．塩化銅（Ⅱ）水溶液の電気分解実験を例にとると，通常スケールの実験では，100～200 mLビーカーを電解槽にして，炭素棒等の電極を塩化銅（Ⅱ）水溶液にさしこみ，また大きな直流電源装置を使って3～10 Vの電圧をかけて行います．一方，マイクロスケール実験では，例えば，図2，図3に示すように2.5×2.2×1.2 cmの大きさのプラスチック製容器（パックテスト容器）を電解槽として，またホルダー芯を電極に，USB電源などを直流電源として用います[11]．器具を小さくすると必要な試薬量は20～30分の1に激減します．また器具が小さいため実験机上の占有面積も小さく，一人ひとつの実験器具を配置でき，実感を伴った理解につながる個別実験が可能になります．個別実験により，児童・生徒は自分のペースで進めることができ，結果も短時間で確認できるため，自分が納得いくまで繰り返して実験をすることができます．図4は，小学校理科の定番である「だ液のはたらき」実験例です．綿棒の両端を使って，だ液の有無による消化の違いを確認しています．個別実験で行うため自分のだ液を使って調べることができます[12]．

図2　塩化銅（Ⅱ）水溶液の電気分解 の様子

図3　銅の析出（右側のホルダー芯）

図4 綿棒によるヨウ素デンプン反応の比較

## 1.3 マイクロスケール実験の学習段階に応じた展開と活用について

　マイクロスケール実験を理科学習に活用する際，子ども達の学習段階に応じた実験内容を展開できます．校種間にわたる科学概念の育成にも，一貫した共通性のある実験操作が役に立ちます．1.2で紹介した小学校理科「だ液のはたらき」の実験では，だ液によりデンプンが別のものに変化したことを確認していますが，さらに中学校理科では，「デンプンが糖に変化する」ことを学習します．マイクロスケール実験では，綿棒の先端だけをベネジクト液と共にサンプルチューブに入れ，そのまま湯せんすることにより，だ液のはたらきの有無を簡単に確認できます．ここで重要なことはマイクロスケール実験では「対照実験」を簡単に設定できる点です．対照実験の導入を体験することは，科学的手法を学ぶ第一歩となります．なお，「だ液のはたらき」についての実験方法は2.4 ① で詳しく紹介しています．

　もうひとつの例として「水溶液の性質」の実験は，小学校第6学年と中学校第3学年で体験します．小学校理科では，身近な水溶液の仲間分けを，ムラサキキャベツなどの身近な指示薬を使って行います．中学校理科では，指示薬の種類も増え，また，酸性やアルカリ性の原因ともなる水素イオンや水酸化物イオンにも触れ，「イオンの移動実験」によりその極性も確認します．さらに中和による化学的性質の変化も扱います．このように学習内容がスパイラルに登場する場合，学習段階に応じた教材実験を体験すれば，科学概念の形成に役立ちますが，マイクロスケール実験では操作に一貫性のある一連の教材実験を組立てることができ

ます．図5は水溶液の液性を確認する定番実験ですが，プラスチック製の呈色板を反応容器に，また点眼びんや投薬びんを試薬や指示薬の滴下に用いています[12]．試薬量は3〜5滴と少ないので，指示薬も少しうすめて極少量にすると液性の判定が正確になります．一人ひとつの器具を用いるので，滴下と同時に色の変化を観察でき，児童・生徒が得られる達成感も大きくなります．また中学校第3学年で行う中和の実験では，溶液の電気伝導性が変化する過程を調べています[3]．塩酸－水酸化ナトリウム水溶液の系では，中和による塩の生成物は電解質の食塩ですが，一方，硫酸－水酸化バリウム水溶液の系では，非電解質の硫酸バリウムとなります．その違いを水溶液の電気伝導性の相対的な変化から気づかせます．中和の過程と，生成物の塩の性質から考察するきっかけとなります．

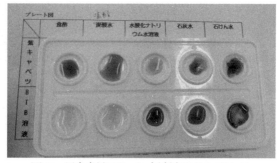

図5　呈色板を用いた水溶液のなかまわけ

## 1.4　今後のマイクロスケール実験の展開と活用について

　学習指導要領の変遷にも関係して，小学校から高等学校に至るまで，プログラミング教育が導入されています．2.6①〜③でも取り上げていますが，マイクロスケール実験とプログラミング教育との連携を視野に入れた活用が注目されています．理科の教科目標としても「問題解決能力の育成」があげられますが，これをサポートするプログラミング的思考を取り入れた授業展開も考えられます．図6は，micro:bitのLED表示を使って，固体（はさみの金属部分）の電気伝導性を調べる簡単な例です[13]．マイクロスケール実験のもつ個別実験の特徴を

活かしたプログラミング教育と理科実験の連携により，マイクロスケール実験の定量的測定（2.6 ②・③を参照）が可能となり，同時にプログラミング学習の振り返りと，理科学習の有用性を認識することにもつながります．

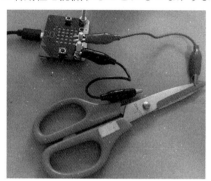

図 6　micro:bit を用いた電気伝導性の確認

　小学校・中学校理科の教科書にマイクロスケール実験を活用した教材実験が普及すると，今後はその有効性が確認されると同時に，より学校現場の状況に適した教材の開発が進むことでしょう．「思考力と判断力」の育成が求められるなか，児童・生徒が主体的に関わる探究活動において，マイクロスケール実験が活用されることになります．個別実験とグループ実験を併用しながら，実験計画の段階から関わる主体的な実験活動の場において，マイクロスケール実験が定着することを期待しています．

　一方，高等学校における化学実験においては，定量的な測定が求められます．ICT を利用したマイクロスケール実験による教材実験の開発が進んでいます．また有機化学分野における活用は，アメリカでの教材開発の歴史からもわかるように，マイクロスケール実験の特徴が最も発揮される分野です．日本の高等学校現場に対応した教材実験の開発と普及が期待されます．大学における基礎実験においては，すでにマイクロスケール実験は広く活用されています．引用文献14）～ 19）に例を示します．

　最後に，マイクロスケール実験では特に観察の対象が小さくなるので，通常スケールの実験と同様に，安全メガネ（保護メガネ）を必ず着用して下さい．

## 引用文献

1）文部科学省：『中学校学習指導要領解説―理科編―』，2008
文部科学省：『高等学校学習指導要領解説―理科編理数編―』，2009

2）文部科学省：『中学校学習指導要領解説―理科編―』，2017
文部科学省：『高等学校学習指導要領解説―理科編理数編―』，2018

3）芝原寛泰・佐藤美子：『マイクロスケール実験―環境にやさしい理科実験―』，オーム社，2011，同英訳版，オーム社，2016

（関連する解説記事）
芝原寛泰：「マイクロスケール実験のすすめ，何でもわいわい実験室」，理科の実験，RikaTan，第3巻，第2号，30-36，2009

芝原寛泰：「マイクロスケール実験による理科学習―個別実験による新しい授業展開の可能性―（その1〜3)」，理数啓林，啓林館，3回連載，2016〜2017

芝原寛泰・佐藤美子：「マイクロスケール実験をはじめよう！」，理科教育ニュース，少年写真新聞社，7回連載，2015

4）啓林館：中学校理科『未来へひろがるサイエンス3』，2021

5）大日本図書：中学校理科『理科の世界3』，2021

6）学校図書：中学校理科『中学校科学3』，2021

7）東京書籍：中学校理科『探究する新しい科学3』，2021

8）新海勝良：「高校化学実験のためのセミマイクロ法の採用」，化学教育，10巻，第1号，56-63，1962

9）新海勝良：『セミマイクロ化学実験法（理科実験法の革新〈第2〉)』，明治図書，1962

10）荻野和子・日本化学会（編）：「マイクロスケール化学実験―マイクロスケール実験の広場から―」，日本化学会，2003

11）佐藤美子・芝原寛泰：「パックテスト容器を用いたマイクロスケール実験による電池・電気分解の教材開発と授業実践―考える力の育成を図る実験活動を目指して―」，理科教育学研究，Vol.53，No.1，61-67，2012

12）佐藤美子・芝原寛泰：「呈色板を用いたマイクロスケール実験の教材開発と授業実践―理科教育実験への普及を目指した汎用性のある器具の活用―」，理科教育学研究，Vol.57 No.2，123-131，2016

13）芝原寛泰・佐藤美子：「マイクロスケール実験のプログラミング教育への応用―micro:bitとmakecodeを用いた導通テスト実験の教材化―」，日本理科教育学会全国大会，103，2020

14）小俣乾二・甲國信：「東北大学全学教育理科実験へのマイクロスケール有機化学実験の導入」，化学と教育，62巻，2号，94-97，2014

15） 桒原翔太・片山健二：「マイクロ（ス
　　 モール）スケール実験手法を用い
　　 た大学向け物理化学実験教材の開
　　 発」，化学と教育，53巻，11号，
　　 614-617，2005

16） 中央大学理工学部応用化学科
　　 http://www.chem.chuo-u.
　　 ac.jp/~spec/microscale_
　　 physchem.html

17） 山形大学SDGs推進室
　　 https://sdgs.yamagata-u.
　　 ac.jp/project/detail_284.html

18） 香川大学教育学部
　　 https://www.kagawa-u.ac.jp/
　　 sdgs_action/sdgs/28001/

19） 京都マイクロスケール実験研究会
　　 http://h-shiba.wixsite.com/
　　 k-micro

# 第2章

## マイクロスケール実験の事例集

## 2.1　色の変化を確かめる

# [1] 混合物の分離

【単元】　高等学校化学基礎「化学と人間生活」，「物質の探究」

【実験のねらい】

　混合物の分離実験のうち，昇華，再結晶，ペーパークロマトグラフィーについて紹介します．用いる試薬の量を少なくして短時間に安全に行うことができます[1-3]．

## (1)　昇華実験

### 準備物

【器具】　ミニ試験管，アルミニウムワイヤー（直径 0.2 cm，長さ 5 cm），
　　　　Z型試験管立て，実験用ガスライター，ミクロスパチュラ，タイル

【試薬】　ヨウ素，ショウノウ

## ■ 実験方法（実験時間約 15 分）

　昇華実験の様子を図1に示します．

① アルミニウムワイヤーを「？」の形に曲げ，図1のようにミニ試験管のふたに穴をあけ，底から約 1 cm までさしこみます．

② 試験管にミクロスパチュラを使って少量のヨウ素粉末を入れます．

③ Z型試験管立てを断熱のためタイルの上に置きます．

④ ガスライターで緩やかに約 10 ～ 20 秒間加熱し，加熱中のミニ試験管内のヨウ素の様子を観察します（ヨウ素の蒸気を吸わないように注意）．

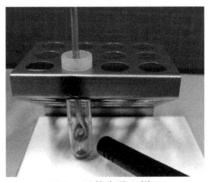

図1　昇華実験の様子

## (2)　再結晶実験

### 準備物

【器具】試験管，小型シャーレ（ペトリ皿），100 mL ビーカー，蒸留水

【試薬】硝酸カリウム

## ■実験方法（実験時間約 20 分）

　硝酸カリウムの再結晶実験を行います
（図2）.

① 試験管に，硝酸カリウム 4.8 g，水 12 mL
　を加えて加熱します.

② 溶けたことを確認してから，シャーレ
　に流し冷却します（自然放冷）.

図2　成長した硝酸カリウム結晶

## (3)　ペーパークロマトグラフィー

### 準備物

【器具】シャーレ，円形ろ紙，六角ナット，ポリスポイト，はさみ，鉛筆，
　　　　水性サインペン（6 色，サンスターミニダブル）

【試薬】80 ％エタノール

## ■実験方法（実験時間約 15 分）

① 円形ろ紙の中央に六角ナットを置きます（図 3(a)左）.

② 六角ナットの周囲を鉛筆で型をとります（図 3(a)左）.

③ 六角形の対角線を 3 本引きます（図 3(a)右）.

④ ろ紙の端から対角線の一本に沿って切りこみを入れます.

⑤ 対角線に沿って，はさみで切れ目を入れます（図 3(a)右）.

⑥　切った部分を折り曲げて，三角形の頂点（6ヶ所）で立つようにします．

⑦　エタノールを小さい容器に入れ，シャーレの中央に置きます（図 3(b)）
　（小さい容器はポリスポイトあるいはしょう油さしの下部を切り取ってつくり
　ます）．

⑧　折り曲げた円形ろ紙の中心部に，水性サインペン（6 色）をスポット状（直径
　1 mm 程度）につけ（図 3(c)），すばやくシャーレに移します（図 3(d)）．

⑨　シャーレのフタをして，水性インクの展開の様子を観察します（図 3(e)）．

⑩　ろ紙の端まで，インクが展開すれば，ろ紙を取り出し乾燥させます．

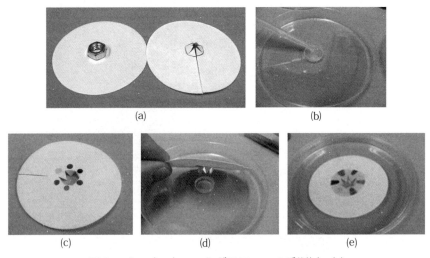

図 3　ペーパークロマトグラフィーの手順(a)〜(e)

## ■ 実験結果・考察

1. 実験(1)(昇華実験)において，アルミニウムワイヤーの先端の様子を書きなさい.

加熱を始めてすぐに，ミニ試験管の中は紫色になった.加熱をやめると，アルミニウムワイヤーの先端に濃い紫色の結晶が多数付着した.
付着した結晶は針状になっていた.
ヨウ素は，少しの温度変化で，固体から気体さらに固体に変化することがわかった.ミニ試験管の中の様子を図4に示す.

図4　ヨウ素の昇華

2. 実験(2)(再結晶実験)において，試験管の中やシャーレの中の様子をスケッチしなさい.

硝酸カリウムの結晶(図5)は，容器の下部から結晶が析出し，その後上の液面からも星形の微結晶が析出した.
細長く，棒状で結晶には何本もの細い線状のものが見られた.
再結晶により固有の形の結晶ができることがわかった.

図5　再結晶のスケッチ

3. 実験(3)(ペーパークロマトグラフィー)において，ろ紙に展開した様子を書きなさい.

15〜20分で，水性サインペンの色はろ紙上に分かれた(図6).
黒色は5〜6色に分かれたが，黄色は1色であった.
水性サインペンの色は混合物であり，分離の仕方やろ紙上に拡がっていく速さが異なることもわかった.
エタノールに対する溶け方が違うようだ.

図6　水性インクの展開

## ■ 解 説

　混合物を構成する純物質に分離する実験は，物質のもつ性質を学ぶだけでなく，物質概念の形成の基礎となり重要です．実験を通して，混合物の分離の基礎として「物質のもつ化学的性質を利用して，分離を行うこと」ができます．

　昇華実験では，有毒なヨウ素を用いますが，吉田ら[4]の方法を改良して，少量（約 0.025 g）で密封状態での実験が可能となりました．ヨウ素の代わりにショウノウを用いても可能です（図 7）．

図7　ショウノウの昇華実験

　簡便なペーパークロマトグラフィーの実験については，すでに多くの報告がありますが，ここでは展開液として扱いやすいエタノールを用い，6色の水性サインペンの色素の違いを観察しやすくしています．色素の吸着力の違いや展開液との親和性を考察すると発展的な実験となります．

## 引用文献

1 ）佐藤美子：「理科教育におけるマイクロスケール実験の教材開発と実践 ―混合物の分離実験を中心に―」，四天王寺大学教育研究実践論集，第1号，191-197，2016

2 ）芝原寛泰・市田克利・佐藤美子（編著）：『高校化学実験集』，電気書院，2015

3 ）芝原寛泰・佐藤美子：『マイクロスケール実験―環境にやさしい理科実験』，オーム社，2011

4 ）吉田拓郎・芝原寛泰・川本公二：「高等学校化学のマイクロスケール実験による混合物の分離・精製実験の教材開発と授業実践―物質の持つ化学的性質に着目して―」，理科教育学研究，Vol.51，No.3，159-167，2011

## 2.1 色の変化を確かめる

# 2 プラスチックを用いた銅酸化物の還元

【単元】 中学校第 2 学年「化学変化と原子・分子」，
　　　　高等学校化学基礎「化学反応・酸化と還元」

【実験のねらい】

　プラスチックを燃焼させた際に発生する気体の分解生成物により酸化銅（Ⅱ）
を還元します．酸化銅（Ⅱ）の還元生成物，プラスチックの燃焼による生成物を
確認することができます．

### 準備物

【器具】 12 セルプレート，ミニアルコールランプ，クリップ，ガラスカップ，
　　　　ろ紙（2 枚），試験管（ミクロチューブ），支持具（解説参照）

【試薬】 酸化銅（Ⅱ），塩化コバルト紙，石灰水，ポリエチレンラップ
※支持具・ミニアルコールランプのつくり方は 2.1 ③ を参照．

## 実験方法 （実験時間約 25 分）

① 実験器具を組立てます（図 1，2）．

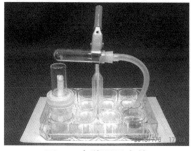

図 1　実験器具全体

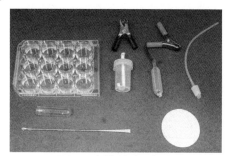

図 2　実験器具の部品

② 酸化銅（Ⅱ）約 0.05 g の粉末を試験管に入れます（銅を酸化して得られた粉
　末を用いる場合，十分に粉砕しておくこと）．

③ 試験管にポリエチレンラップ（1 × 1 cm）を入れます（図 3）．

④　試験管の開口部に塩化コバルト紙をはさみながら，気体誘導管をさしこみます（図4）．

⑤　図1のように試験管，ミニアルコールランプを置き，さらに気体誘導管の先端を，石灰水を入れたセルにつけます（試験管の底部が水平より少し上になるように固定すること）．

⑥　ミニアルコールランプに点火をして，試験管の中の加熱による変化を観察します．加熱は1～2分で終了します．

⑦　石灰水からチューブを抜き，その後ミニアルコールランプの火を消します．

⑧　すぐにチューブをクリップではさみます（図5）．

⑨　冷却後，ろ紙上に試験管から生成物を取り出します．試験管の底でこすりつけ，色を確認します．

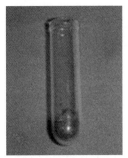

図3　試験管中の試料

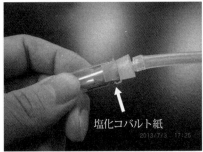

図4　気体誘導管と塩化コバルト紙

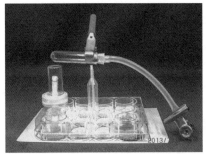

図5　チューブの先を密閉

図6　金属光沢の確認

## ■実験結果

　加熱前と加熱後の試験管の中の様子をまとめなさい．加熱後に取り出した生成物についての観察結果を書きなさい．

> 加熱前は，黒い粉末状態だった．加熱が進むにつれて赤茶色の小さいかたまりの部分が多くなってきた．試験管の中は加熱により曇ってきた（図7，8）．
> シリコンチューブの先がつかっていた石灰水は白くにごった．
> 塩化コバルト紙は青色から赤色に変化した．
> 生成物を取り出し，ろ紙上でこすると金属光沢が見られた．

図7　加熱前の様子

図8　加熱後の様子

## ■考 察

　実験結果からわかったことをまとめなさい．

> 石灰水が白くにごったので，二酸化炭素が生成したことがわかった．
> 塩化コバルト紙は青色から赤色に変化したので，生成物に水が含まれることがわかった．
> 生成物を取り出し，ろ紙上でこすると銅色の金属光沢が見られたので，銅の生成を確認できた．
> 以上のことから，プラスチックと酸化銅を加熱すると，銅と二酸化炭素および水が生成することがわかった．

# ■解 説

炭素を用いた酸化銅（Ⅱ）の還元実験については 2.1 ③ に紹介しています．ここでは発展的な実験としてプラスチックを還元剤に用いた酸化銅（Ⅱ）の還元実験について紹介しています．プラスチックの性質と環境問題を考えるきっかけともなる実験です．

## ＜実験器具の準備について＞

自作のミニアルコールランプ（図9）で加熱していますが，酸化銅（Ⅱ）の還元にプラスチックを用いることにより，ガスバーナーでなくミニアルコールランプでも十分に還元することができます．炭素粉末を還元剤として用いた場合には，触媒として金属塩化物（無水塩化カルシウムなど）を加えると低い加熱温度でも還元することができます．

図 9　ミニアルコールランプと
消火用のガラス容器

試験管（ミクロチューブ　直径 12 mm）をクリップではさみ，ワイヤーでセルプレートに固定して支持します（図10）．気体誘導管（図10）は，シリコンチューブを，加工したマイクロピペットを使い，シリコン製ゴム栓にさしこんでいます．

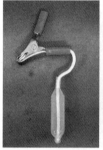

図 10　試験管支持用クリップと
気体誘導管

図 11　石灰水の白濁

## ＜実験時の注意点について＞

実験の手順②で，銅を酸化してえられた粉末を用いる場合，十分に粉砕しておくことが重要です．④において塩化コバルト紙は水分により赤色に変色しますが，生成物の水を確認するためです．

試験管の開口部に塩化コバルト紙をはさみながら，気体誘導管をさしこみます（図4）．加熱のとき，試験管の底部が水平より少し上になるように固定します．これは水分を試験管の開口部に集めるためです．反応中にチューブの先をつけた石灰水が白濁することにより，二酸化炭素の生成を確認します（図11）．加熱を終了するには，まず石灰水からチューブを抜き，その後にミニアルコールランプの火を消します（図5）．これは石灰水の逆流を防ぐためです．生成物を取り出し，ろ紙上でこすると金属光沢が見られ，銅の生成を考察します（図6）．

　プラスチックによる酸化銅（Ⅱ）の還元実験では，炭素粉末を還元剤として用いた場合と異なり，1分程度で還元反応が終了します．これは，ポリエチレンの熱分解によって生成するメタンなどの数種類の分解生成物の還元力が強いためであると考えられます．

### 引用文献

1）柴辻優俊・佐藤美子・芝原寛泰：「マイクロスケール実験による中学校理科における銅の酸化・酸化銅の還元実験の教材開発と授業実践」，理科教育学研究，Vol.56, No.3, 347-354, 2015

2）芝原寛泰・柴辻優俊・佐藤美子：「実感の伴った理解を促すマイクロスケール実験の導入」，理科の教育，No.771, 48-49, 2016

3）柴辻優俊：「中学校理科における「化学変化」に関する教材開発と授業実践」，京都教育大学修士論文，2015

### 参考文献

□ 梶山正明：「定番！化学実験（小学校・中学校版）08－「化学変化とエネルギー」（中学校第3学年）プラスチックによる酸化銅（Ⅱ）の還元」，化学と教育，51巻，10号，618-619, 2003

## 2.1　色の変化を確かめる

# ③ 銅の酸化・酸化銅の還元実験

【単元】　中学校第2学年「化学変化と原子・分子」

【実験のねらい】

　中学校学習指導要領では，「金属を酸化したり金属の酸化物を還元したりして生成する物質を調べる実験を行う」とあります．ここでは銅の酸化，酸化銅の還元を取り上げ，マイクロスケール実験で行います[1,2]．

### 準備物

【器具】金属皿（直径4.0 cm），支持具，12セルプレート，ミニアルコールランプ，消火用ガラスカップ（直径1.6 cm），気体誘導管，ミクロチューブ（直径1.2 cm），ガラス管，プッシュバイアルびん（PP製，2.0 × 4.5 cm），薬さじ，ろ紙，ヒッポークリップ，シリコン栓，シリコンチューブ，ピペットチップ

【試薬】石灰水，銅粉末，無水エタノール（燃料用）

## ■ 実験方法 （実験時間(1)と(2)を合わせて約35分）

### (1)　銅の酸化実験

　＜ミニアルコールランプの作製＞

① プッシュバイアルびんを容器とします．

② ガラス管（長さ5.0 cm，直径0.7 cm）にレーヨン製ロープを通します（図1）．

③ プッシュバイアルびんのふたの中央に，直径0.9 cmの炎口の穴をあけます．

ガラス管　　　レーヨン製ロープ

図1　ミニアルコールランプ炎口

④　加工したガラス管を加工したふたにさしこみ，炎口とします．ガラスカップを消火ふたとして使用します．

⑤　作製したミニアルコールランプを12セルプレートのセルに固定します（図2）．

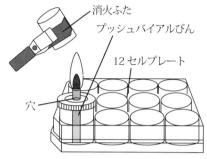

図2　ミニアルコールランプの概観

### ＜支持具の作製＞

⑥　ヒッポークリップに折り曲げが可能なビニル被覆銅線（直径3.0 cm）を接続します（図3）．

⑦　切り取ったポリスポイトのニップル部分に接続したビニル被覆銅線をさしこみ，12セルプレートに固定します（図4）．

⑧　銅粉末0.1 gを金属皿に均等にのせます．

⑨　金属皿を支持具のクリップ部分ではさんで固定し，ミニアルコールランプの炎口部分が金属皿の底部の中央に重なるように位置を調節します．

⑩　金属皿の底部を加熱し，銅粉末の色の変化などを観察します（図5）．

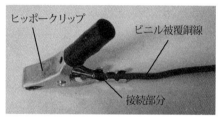

図3　支持具の作製
（接続方法について）

図4　支持具の概観　図5　銅の酸化実験の様子

## ⑵　酸化銅の還元実験
### ＜気体誘導管の作製＞

①　シリコン栓（上径：直径1.0 cm，下径：直径0.9 cm）の中央に千枚通しなどで穴をあけます．

②　穴をあけたシリコン栓にピペットチップの先端をさしこみます．

③　さしこんだピペットチップの先端にシリコンチューブを接続します（図6）.

④　酸化銅1.0 g，炭素粉末0.01 g，無水塩化カルシウム（触媒）0.01 gをプッシュバイアルびんに入れ，ふたを閉めて約30秒間振って混合します.

⑤　混合粉末をミクロチューブに移し替え，気体誘導管のシリコン栓をミクロチューブの先端に，またセルに注入された石灰水にシリコンチューブの先端をそれぞれさしこみます.

⑥　ミクロチューブの口を水平より下に向けて支持具で固定し，ミニアルコールランプで混合粉末を3分

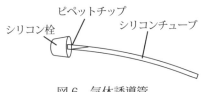

図6　気体誘導管

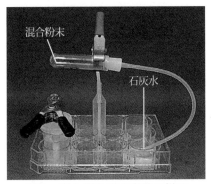

図7　酸化銅の還元実験の様子

間加熱し，混合粉末の変化と石灰水の変化の様子を観察します（図7）.

⑦　混合粉末をろ紙上に取り出し，薬さじの底で強くこすり，粉末の変化の様子を観察します.

## 実験結果

1.　実験方法(1)の⑩について，加熱時の銅粉末の変化の様子を説明しなさい.

> 加熱すると，赤茶色の銅粉末が虹色に変化し，その後黒色に変化した.

2.　実験結果1より，実験後に金属皿上に残った物質は何か．物質名と化学式を答えなさい.

| 物質名 | 化学式 |
|---|---|
| 酸化銅 | CuO |

3. 実験方法(2)の⑥について，加熱時の混合粉末の変化の様子と，石灰水の変化の様子をそれぞれ説明しなさい．

> 混合粉末の変化の様子
> 　　　　　黒色から赤茶色に変化した．

> 石灰水の変化の様子
> 　　　　　発生した気体を通すと白くにごった．

4. 実験方法(2)の⑦について，薬さじの底で強くこすったときの粉末の変化の様子を説明しなさい．

> 金属光沢が見られた．

# ■考 察

1. 実験結果 1，2 より，実験方法(1)における化学反応の様子について，次の原子モデルを用いて表しなさい（原子モデル：銅 ○　酸素 ●）．

2. 考察 1 の化学変化の様子について，化学反応式を用いて答えなさい．

> $2Cu + O_2 \rightarrow 2CuO$

3. 実験結果 3，4 より，実験方法(2)における化学反応の様子について，次の原子モデルを用いて表しなさい（原子モデル：銅 ○　酸素 ●　炭素 ◉）．

4. 考察 3 の化学変化の様子について，化学反応式を用いて答えなさい．

> $2CuO + C \rightarrow 2Cu + CO_2$

# ■解 説

マイクロスケール実験による酸化銅の還元実験の先行研究として，ピペットに入れた酸化銅に注射器のシリンジで捕集した水素を入れ，アルコールランプで加熱する報告があります[3]．また，ガラス管に入れた酸化銅に，塩酸と亜鉛の反応により発生させた水素を入れ，アルコールランプを手動で動かしながら反応物を加熱する報告もあります[4]．

本実験をマイクロスケール実験で行うことにより，実験時間の短縮が可能になります．また，2人1組の個別実験での実施も可能です．ただし，実験操作上の注意点としてミニアルコールランプの外炎の最高温度は約900 ℃です（ガスバーナーの外炎の最高温度は約1300 ℃）．炭素による酸化銅の還元実験では，ミニアルコールランプの炎では反応が進むために必要な加熱温度に達しないため，炭素と酸化銅のみを混合した粉末で実験を行うと，実験後の銅の金属光沢を観察することができません．そこで，触媒として無水塩化カルシウムを混合粉末に添加してください．無水塩化カルシウムを触媒として活用することで実験後の銅の金属光沢を明瞭に観察できるだけでなく，反応に必要な加熱時間も短縮することができます[5]（図8）．

金属光沢が観察可能な部分

図8　ろ紙上での金属光沢

また，ミニアルコールランプに注入する燃料用エタノール量を容器の80 ％程度にしてミニアルコールランプの連続加熱時間を測定すると，結果は約25分間でした．アルコールの使用量を容器の100 ％に近くすると，連続加熱時間は長くなりますが，容器が転倒した際に燃料用エタノールが容器からこぼれやすくなります．万が一，使用時に転倒するとこぼれたアルコールに引火し，火傷などの危険性が生じます．そのため，容器に注入する燃料用エタノールの使用量は70〜80 ％程度にしてください．

本実験は中学校理科を対象とするため，遷移金属の価数を省略して表記しています．

## 引用文献

１）柴辻優俊・佐藤美子・芝原寛泰：
「マイクロスケール実験による中学
校理科における銅の酸化・酸化銅の
還元実験の教材開発と授業実践」，
理科教育学研究，Vol.56，No.3，
347-354，2015

２）芝原寛泰・柴辻優俊・佐藤美子：「実
感の伴った理解を促すマイクロス
ケール実験の導入」，理科の教育，
No.771，48-49，2016

３）Bob Worley：「Some more
microscale gas experiments」，
SSR，92（340），62，2011

４）Radmaste Centre：『ADVANCED
TEACHING & LEARNING
PACKAGES MICROCHE-MISTRY
EXPERIENCES』，Retrieved
Novem- Ver 29, 2014, from
http://www.unesdoc.nesco.org/
images/0014/001491/149133E.
pdf, 2006

５）岡崎めぐみ：「炭素による酸化銅の
還元について」，第5回「科学の芽」
賞受賞作品，2010

## 2.1　色の変化を確かめる

# ④ 化学反応によるエンタルピー変化の測定

【単元】 高等学校化学「化学反応とエネルギー」

【実験のねらい】

　2 人 1 組の個別実験で反応エンタルピーの測定およびヘスの法則を検証するマイクロスケール実験です．PP 製反応容器の側面から容器内での反応の様子を指示薬の色変化により容易に観察できるようにし，化学反応とエネルギーの関係を考察することがねらいです．また，測定結果のグラフを外挿するなど実験の技能を身につけることもねらいです．

### 準備物

【器具】 デジタル温度計（分解能 0.1 ℃），6 セルプレート，温度計支持具（直径 10 mm 及び 6 mm の PP 製ストローで作製），反応容器（PP 製，容量 20 mL），ふた（PE 製オーバーキャップ），撹拌棒（かくはん）（直径 4 mm の PP 製ストローで作製），5 mL こまごめピペット，ストップウォッチ

【試薬】 水酸化ナトリウム（顆粒状（かりゅう）1 粒約 0.1 g），1.0 mol/L 水酸化ナトリウム水溶液，1.0 mol/L 塩酸，純水，フェノールフタレイン溶液

## 実験方法 (実験時間(1)から(3)を合わせて約 30 分)

### (1)　固体の水酸化ナトリウムの溶解エンタルピー（$\Delta H_1$）の測定

① 反応容器に純水を 10 mL 入れます．
② フェノールフタレイン溶液を 4 滴加えます．
③ 撹拌棒を通したふたを反応容器にはめこみ（図 1），6 セルプレートに反応容器を収めます．
④ ふたの穴（図 2）に支持具で固定した温度計を通します（図 3）．
⑤ NaOH（s）約 0.2 g（顆粒状 2 粒）を投入し，20 秒毎に 4 分間温度を記録します．

図1　撹拌棒を通したふたをはめた様子

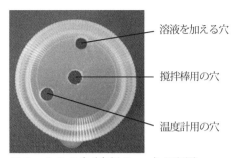

溶液を加える穴

撹拌棒用の穴

温度計用の穴

図2　ふたの穴（直径5 mm）の配置

## ⑵　水酸化ナトリウム水溶液と塩酸による中和エンタルピー（$\Delta H_2$）の測定

① 反応容器に1 mol/L HClaq 5 mLを入れます．

② フェノールフタレイン溶液4滴を加えます．

③ 反応容器に撹拌棒を通したふたをはめこみ，実験方法⑴と同様に，温度計をさしこみます．

④ ピペットもしくは注射器（容量5 mL）を用いて1 mol/L NaOHaq 5 mLをふたの穴から加え（図3），20秒毎に4分間温度を記録します．

図3　実験装置の全体の様子

## ⑶　固体の水酸化ナトリウムと塩酸による反応エンタルピー（$\Delta H_3$）の測定

① 反応容器に純水を5 mL入れます．

② フェノールフタレイン溶液を4滴加えます．

③ ピペットもしくは注射器を用いて1 mol/L HClaq 5 mL加えます．

④ 反応容器に撹拌棒を通したふたをはめこみ，実験方法⑴と同様に，温度計をさしこみます．

⑤ NaOH（s）約0.2 g（顆粒状2粒）を投入し，20秒毎に4分間温度を記録します．

## ■実験結果

1.　20 秒毎の温度 [℃] の測定結果を表に書きなさい.

| 時間<br>(秒) | 0 | 20 | 40 | 60 | 80 | 100 | 120 | 140 | 160 | 180 | 200 | 220 | 240 |
|---|---|---|---|---|---|---|---|---|---|---|---|---|---|
| 実験<br>(1) | 17.4 | 18.3 | 19.2 | 20.0 | 20.7 | 21.0 | 21.5 | 21.7 | 21.9 | 21.9 | 21.8 | 21.8 | 21.7 |
| 実験<br>(2) | 16.7 | 23.4 | 23.2 | 23.1 | 22.9 | 22.8 | 22.7 | 22.6 | 22.5 | 22.4 | 22.3 | 22.3 | 22.2 |
| 実験<br>(3) | 17.3 | 18.3 | 21.0 | 23.4 | 25.0 | 26.1 | 27.7 | 28.2 | 28.4 | 28.3 | 28.3 | 28.1 | 28.0 |

2.　時間を横軸, 温度を縦軸にして, グラフで表しなさい. また測定された最高温度以降の区間の測定値を用いて, 外挿法により直線をかきなさい.

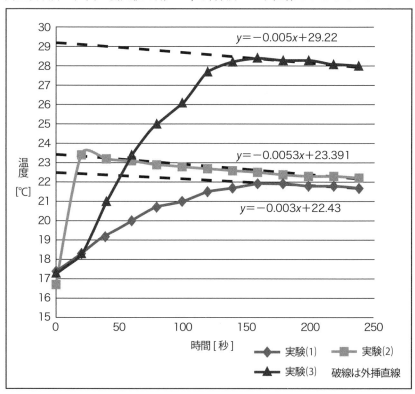

3. グラフの外挿した直線から補正した後の最高温度を読み取り，各反応のエンタルピー変化$\Delta H_1$，$\Delta H_2$，$\Delta H_3$を求めなさい．エンタルピー変化は下式で算出により求めた熱量の符号を逆にした値（熱量＝$-\Delta H$）とする．なお，水溶液の比熱は 4.2 J/℃・g とする．

$$\text{熱量 } Q\,[\text{kJ}] = \Delta t\,[\text{℃}] \times 質量\,[\text{g}] \times 4.2\,\text{J/℃・g} \div 1000$$

|  | 実験(1)　$\Delta H_1$ | 実験(2)　$\Delta H_2$ | 実験(3)　$\Delta H_3$ |
|---|---|---|---|
| エンタルピー変化 | − 0.22 kJ | − 0.28 kJ | − 0.51 kJ |

4. 各実験における測定中の水溶液の色の変化について書きなさい．

| 実験(1) | 固体の水酸化ナトリウムを加えた直後は，水酸化ナトリウムの周囲の水溶液が赤く変化し，すべて溶解したときには水溶液全体が赤色となった． |
|---|---|
| 実験(2) | 水酸化ナトリウム水溶液を加えた直後に，水溶液は赤色に変化した． |
| 実験(3) | 固体の水酸化ナトリウムを加えた直後は，固体の水酸化ナトリウムの周囲の水溶液が赤く変化したが，すぐに無色に変化した． |

## ■考 察

1. 水溶液の色の変化と温度変化の関係からわかることをまとめなさい．

実験(1)と実験(3)では，水溶液の色の変化に伴い温度は上昇した．実験(2)では，水溶液を混合した瞬間のみ色が変化し，それに伴い温度は上昇した．水溶液の色が指示薬により変化したことから反応が進行していることがわかる．この反応に伴い水溶液の温度が上昇したことから，化学反応にはエネルギーの変化が伴うと考えられる．
さらに実験(2)の温度変化と色の変化が混合した瞬間のみであったことから，水溶液どうしの反応の速度は，比較的速いことがわかる．

2. 実験(1), (2), (3)から求めたエンタルピー変化を使って, エネルギー図 (縦軸はエンタルピーを表す) を作成しなさい. また, そのエネルギー図からわかることをまとめなさい.

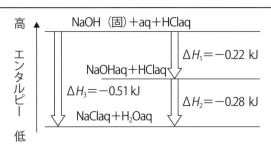

実験(3)の経路と, 実験(1)と(2)を組み合わせた経路では, 最初の状態と最後の状態が同じであることがわかる. よって, 算出したエンタルピー変化には下式のような関係があると考えられる.

$$\Delta H_1 \ + \ \Delta H_2 \ = \ \Delta H_3$$

算出したエンタルピー変化は, $\Delta H_1 + \Delta H_2 = -0.50$ kJ, $\Delta H_3 = -0.51$ kJ である. よって, ヘスの法則が成り立っていることがわかる.

3. 実験(1), (2)で求めたエンタルピー変化から 1 mol あたりのエンタルピー変化を求め化学反応式に併記しなさい. また文献値 (実験(1)の反応のエンタルピー変化は $-44.5$ kJ, 実験(2)の反応のエンタルピー変化は$-56.5$ kJ) と比較しなさい.

今回の測定では, 物質 0.005 mol あたりのエンタルピー変化を求めた. よって, 1 mol あたりのエンタルピー変化に換算するには求めた値を 200 倍すればよい.

実験(1)
　$NaOH(固) + \ aq \ \rightarrow \ NaOHaq \qquad \Delta H_1 = -44$ kJ

実験(2)
　$NaOHaq \ + \ HClaq \ \rightarrow \ NaClaq \ + \ H_2O(液) \quad \Delta H_2 = -56$ kJ

文献値と比較すると測定値から算出したエンタルピー変化は小さい. 反応には時間経過が伴うため, 反応が終了し最高温度に到達するまでにわずかに熱が外部に放出されているためと考えられる. グラフを外挿し, 最高温度に達するまでの放熱を補正したが, 反応に伴うエネルギー変化が水溶液の温度上昇以外にも反応容器の温度上昇等にも使われたと考えられる.

# 解 説

　本実験のねらいと概要を述べます．令和4年度から年次進行で実施される高等学校学習指導要領（平成30年告示）では，反応前後のエネルギー変化をエンタルピー変化として扱います[1]．従前のように，反応に伴うエネルギー変化を反応熱として，熱化学方程式で記述することはありません．また，化学反応と熱や光に関する実験などを行い，化学反応の前後における物質のもつ化学エネルギーの差が熱，光の発生や吸収となって現れることや，化学エネルギーの差を定量的に扱うことが求められています[1]．さらに，化学エネルギーの差については，エンタルピー変化で表すことも求められています[1]．これらをふまえて，本実験では，指示薬を用いて化学反応の様子を視覚的に捉えやすくし，生徒が化学反応とエネルギー変化とを結びつけやすい工夫をしています．測定した温度変化からエンタルピー変化を算出し，ヘスの法則を検証する定量的な実験[2]となります．

　実験を実施する上でのポイントを述べます．使用する温度計は，指定した時間において正確な温度を容易に読み取ることができるデジタル温度計が適しています．デジタル温度計の仕様によって，2秒間隔で測定できるものや10秒間隔で測定できるものなど測定間隔が異なるため，今回の実験での温度測定は20秒間隔としました．デジタル温度計の仕様によって，測定間隔を変更してください．また，今回の実験方法では温度測定の時間を4分間としましたが，反応速度は温度の影響を受けるため最高温度に達するまでの時間は実験環境（気温）によって異なります．よって，夏場に実験する場合と冬場に実験する場合とで温度測定の時間を調整する必要があります．

　実験中は，測定した温度の読み取りと記録，溶液の撹拌（固体の溶解を伴う場合）が必要です．よって，2人1組での実施が適しています．ここで撹拌に関するポイントを述べます．断熱性を向上させるため，反応容器にふたをしています．このふたに撹拌のための穴（直径5 mm程度）をあけています．穴は一穴パンチや皮用ポンチを用いると容易にあけられます．この穴からガラス棒による撹拌は困難なため，ストローを加工した撹拌棒の上下運動及び回転運動により撹拌します．撹拌棒は，ストロー（直径4 mm程度）の先端から複数の切りこみを入れた後，たこ足のように開くことで作製します（図4）．切りこみを入れる長さは，先端から約1 cmとし，反応容器での底面の半径よりも小さくなるようにします．

　マイクロスケール実験により，2人1組の個別実験を可能としました．個

図4　撹拌棒の先端

別実験が可能となったことから，対話的な学びや深い学びへと導く様々な授業展開が考えられます．例えば，4人1グループとすると，グループ内に2人1組のペアが2組できます．片方のペアは，実験(1)（水酸化ナトリウムの溶解エンタルピー）と実験(2)（水酸化ナトリウム水溶液と塩酸との中和エンタルピー），他方のペアは，実験(1)と実験(3)（水酸化ナトリウムと塩酸との反応エンタルピー）を実施します．互いの実験から算出したエンタルピー変化を組み合わせることでヘスの法則を検証します．この展開では，算出するエンタルピー変化を共有する必要があるため，対話の機会を設定できます．また，実験(1)の溶解エンタルピーの値をペア間で共有し，値の違いを考察することも考えられます．この展開におけるヘスの法則の検証においては，エンタルピーが定圧下における状態量であるため，エンタルピー変化は反応経路に関係なく，反応前後の物質の状態のみで決まることを考察することで，深い学びとなります．他にも，データロガーとセンサを用いて，PCやタブレット端末で温度の測定とグラフの作成を並行して行う展開も考えられます．

最後に，実験で用いた反応系において，固体の水酸化ナトリウムの溶解エンタルピーの解説を述べます．固体の水酸化ナトリウムは，ナトリウムイオンと水酸化物イオンからなる結晶です．この結晶を水中に入れると，ナトリウムイオンと水酸化物イオンに解離し，結晶の構造が崩れます．この状態は安定で低エネルギーの結晶状態から高エネルギーのイオン状態へと変化するため，系の外部からエネルギーが必要です．このようにイオン結晶を気体状のイオンへと解離させるために必要なエネルギーを格子エネルギーといいます．

$$NaOH(s) \rightarrow Na^+(g) + OH^-(g)$$

よって，解離の反応に伴うエンタルピー変化は正の値となります．さらに，このイオンが溶媒の水分子により水和されます．水和するときに放出するエネルギーを水和エネルギーといいます．

$$Na^+(g) + OH^-(g) + aq$$
$$\rightarrow Na^+ aq + OH^- aq$$

水和に伴うエンタルピー変化は負の値となります．この2つの過程を合わせたものが溶解で，溶解エンタルピーは格子エネルギーと水和エネルギーの和となります．固体の水酸化ナトリウムの溶解エンタルピーを求めると，$-44.52$ kJ/mol となります．

## 引用文献

1）文部科学省：『高等学校学習指導要領解説―理科編理数編―』，平成30年告示

2）中神岳司・芝原寛泰・田内浩・向山昌二：「マイクロスケール実験による反応熱に関する教材実験の開発と授業実践―高等学校化学におけるエネルギー概念に着目して―」，京都教育大学教育実践研究，16号，41-48, 2016

## 2.1　色の変化を確かめる

# ⑤　ミニ試験管によるアルコール酸化生成物の検出

【単元】　高等学校化学基礎「化学反応・酸化と還元」,
　　　　　高等学校化学「有機化合物・官能基をもつ化合物」

【実験のねらい】

　第一級〜第三級アルコールの酸化されやすさの違いと, 第一級・第二級アルコールの酸化生成物を, 銀鏡反応やヨードホルム反応により確認します. 官能基を検出する反応結果から第一級アルコールの構造を考察します.

### 準備物

【器具】　ミニ試験管, Z 型試験管立て, シリコン栓つき銅線, ガスマッチ,
　　　　　セラミックヒーター, 温度計, 200 mL ビーカー, 加熱用フローター,
　　　　　点眼びん

【試薬】　エタノール, 2-プロパノール, 2-メチル-2-プロパノール, 蒸留水,
　　　　　0.1 mol/L 硝酸銀水溶液, 2.0 mol/L アンモニア水, 1 ％ ヨウ素液,
　　　　　1.0 mol/L 水酸化ナトリウム水溶液

## ■ 実験方法 （実験時間(1)から(3)を合わせて約 30 分）

### (1)　酸化反応の実験

①　ミニ試験管にアルコールを 0.5 mL と蒸留水 0.5 mL を入れ, Z 型ミニ試験管立てに立てます. これを 3 種類のアルコール (A：エタノール, B：2-プロパノール, C：2-メチル-2-プロパノール) で, 合計 3 本用意します※.

※ 3 種類のアルコール A 〜 C の内容は生徒に明かさず, それぞれ第一級・第二級・第三級アルコールのうちのどれかであることを伝えます.

②　シリコン栓つき銅線をガスマッチで加熱し, 酸化銅（Ⅱ）の黒色になったら①のミニ試験管に出し入れして色の変化を観察します (図 1).

　　［注意］　アルコールに引火するのを防ぐため, 加熱した銅線が液面に触れないように実験操作を行います.

③ 銅線の色が変化しなくなったら，再び加熱してミニ試験管への出し入れを行います．これを繰り返して出し入れを 8 回程度行います．途中で銅線を出し，試験管を振り混ぜて酸化生成物を溶液に溶かしこみます．

## (2) 銀鏡反応の実験

① 別のミニ試験管に，0.1 mol/L 硝酸銀水溶液を点眼びんから 20 滴（約 1.0 mL）とり，ミニ試験管を振りながら，点眼びんに入った 2.0 mol/L アンモニア水を加えます．一度生じた沈殿が消えるまで滴下を続け，アンモニア性硝酸銀水溶液を調製します（図 2）．これを合計 3 本用意します．

② 実験(1)で得られた溶液の約 9 割を①のアンモニア性硝酸銀水溶液に加え，加熱用フローターに固定します．これを 3 種類のアルコールで行います（図 3）．

③ 200 mL ビーカーに水を 150 mL 程度入れて，セラミックヒーターで加熱します．②のミニ試験管を固定したフローターをビーカーにのせて，約 60 ℃ の湯で加温し，銀鏡反応の有無を観察します（図 3）．

## (3) ヨードホルム反応の実験

① 実験(2)の②で残った約 1 割の溶液に，1 ％ ヨウ素液を点眼びんで 10 滴（約 1.0 mL）加えます．

② ①のミニ試験管を振りながら，ヨウ素液の色が消えるまで 1.0 mol/L 水酸化ナトリウム水溶液を点眼びんで加えます．その後，静置してヨードホルム反応の有無を観察します（図 4）．10 滴加えても変化がない場合は滴下をやめます．

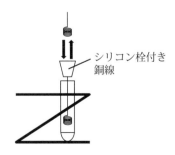

図 1　実験方法(1)の②

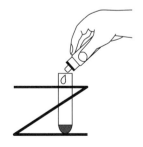

図 2　実験方法(2)の①

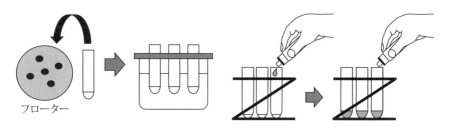

図3　実験方法(2)の③　　　　　　　図4　実験方法(3)の②

## ■実験結果

1.　実験方法(1)の②で銅線の色はどのように変化しましたか.

| アルコール A | アルコール B | アルコール C |
|---|---|---|
| 黒色から赤色に変化した | 黒色から赤色に変化した | 変化しなかった |

2.　実験方法(2)の③で試験管の側面はどのように変化しましたか.

| アルコール A | アルコール B | アルコール C |
|---|---|---|
| 側面に銀鏡が観察できた | 変化しなかった | 変化しなかった |

3.　実験方法(3)の②で試験管内の溶液はどのように変化しましたか.

| アルコール A | アルコール B | アルコール C |
|---|---|---|
| 黄色沈殿が観察できた | 黄色沈殿が観察できた | 変化しなかった |

# ■考 察

1. 実験方法(1)の②の結果からわかったことをまとめなさい.

> 酸化反応を示したアルコール A と B は, 第一級アルコールまたは第二級アルコールであり, 示さなかったアルコール C は第三級アルコールである.

2. 実験方法(2)の③の結果からわかったことをまとめなさい.

> 酸化生成物が銀鏡反応を示したことから, アルデヒドが生成していると考えられる. よって, アルコール A は第一級アルコールである.

3. 実験方法(3)の②の結果からわかったことをまとめなさい.

> ヨードホルム反応を示したアルコール A と B の酸化生成物はアセチル基 $-COCH_3$ の構造をもつ化合物である.

4. すべての実験結果から, アルコール A についてまとめなさい.

> アルコール A の酸化生成物が銀鏡反応を示したことから, ホルミル基(アルデヒド基)$-CHO$ をもつ化合物である. また, ヨードホルム反応を示したことから, $-COCH_3$ をもつ化合物である. よって, アルコール A の酸化生成物はアセトアルデヒドであり, アルコール A はエタノールである.

# ■解 説

本実験では, 3種類のアルコール A ～ C の級数と第一級アルコールの構造を考察することができます. 酸化生成物の官能基を検出することで, 酸化される前の物質とのつながりを意識させます[1].

第一級アルコールを酸化させる際に強い酸化剤を用いると, アルデヒドを経由してカルボン酸まで変化してしまいます. 本実験では, アルデヒドの官能基を検出するために, 加熱した酸化銅(II)を用いてアルデヒドに酸化[2]させています. 本実験でのエタノール, 2-プロパノールを用いた銀鏡反応は次のような化学反応式で表されます.

$$CH_3CH_2OH + CuO$$
$$\rightarrow \ CH_3CHO + Cu + H_2O$$
$$CH_3CH(CH_3)OH + CuO$$
$$\rightarrow \ CH_3COCH_3 + Cu + H_2O$$

銀鏡反応[3]はアルデヒドとアンモニア性硝酸銀水溶液を混合し，約60℃の湯浴で加熱すると，反応が観察できます．本実験でエタノールの酸化生成物であるアセトアルデヒドを用いた銀鏡反応は次のような化学反応式で表されます．

$$2[Ag(NH_3)_2]^+ + CH_3CHO + 3OH^-$$
$$\rightarrow \quad 2Ag + CH_3COO^-$$
$$+ 4NH_3 + 2H_2O$$

ミニ試験管の壁面に銀鏡を均一に付着させるためには，アルデヒドを水溶液中に溶かしこむ操作をしっかりと行う必要があります．また，ミニ試験管の壁面に傷や汚れがあると壁面に銀が付着しにくいため，新品のミニ試験管を使用することをおすすめします．

ヨードホルム反応[4]は，アセトアルデヒドなどのアセチル基 -COCH$_3$ をもつ化合物にヨウ素液を加え，水酸化ナトリウム水溶液を滴下すると，反応が観察できます．加熱して観察するのが一般的ですが，本実験では加熱しなくても反応が観察できます．酸化反応の実験操作で溶液の温度が上がっているためであると考えられます．本実験でのエタノールの酸化生成物であるアセトアルデヒド，2-プロパノールの酸化生成物であるアセトンを用いたヨードホルム反応は次のような化学反応式で表されます．

$$CH_3CHO + 4NaOH + 3I_2$$
$$\rightarrow \quad CHI_3 + HCOONa$$
$$+ 3NaI + H_2O$$

$$CH_3COCH_3 + 4NaOH + 3I_2$$
$$\rightarrow \quad CHI_3 + CH_3COONa$$
$$+ 3NaI + H_2O$$

ヨードホルム反応に用いるヨウ素が酸化剤としてはたらくため，酸化されるとアセチル基になる構造 -CH(OH)CH$_3$ をもつ化合物も反応を示します．

### <酸化反応の実験操作について>

アルコールの酸化で用いるシリコン栓つき銅線は，ガラス棒などに3巻きして作製します．銅線が赤くなるまで加熱した場合は，酸化銅（Ⅱ）の黒色に戻ったことを確認してから行います．図5は還元された状態の銅線です．

図5　還元された銅

## 引用文献

1）田中雄貴・芝原寛泰：「マイクロスケール実験によるアルコール酸化生成物の検出方法の教材化」，フォーラム理科教育，第17号，1-6，2016

2）渡辺洋子：「アルコールの酸化の実験」，化学と教育，60巻，10号，432-433，2012

3）宮田光男・中道淳一：「銀鏡のお告げ ―1-プロパノールと2-プロパノールの判別―」，化学教育，33巻，1号，58-59，1985

4）片江安巳：「ヨードホルム反応実験における一考察」，化学と教育，43巻，5号，329-330，1995

## 2.1　色の変化を確かめる

## 6　イオンの移動観察実験

**【単元】**　中学校第3学年「水溶液とイオン」，「化学変化と電池」
　　　　　高等学校化学基礎「物質と化学結合」，「化学反応・酸化と還元」

**【実験のねらい】**

　水溶液の電気分解による実験では，電極板の変化の様子は観察できますが，水溶液中のイオンの動きはわかりません．そこで，マイクロスケール化したイオンの移動観察実験（電気泳動実験）を行い，イオンの連続的な移動観察を通して，複合的に結果を考察させることから，科学的に考える力を伸ばし，より高度な粒子概念へとつなげていきます．

### ■ 教材の作成（事前に準備しておきます）

#### (1)　電解槽の作成について

　電解槽として，市販されている収納用のポリスチレン製ケース（高さ20 mm程度のもの）を利用します（図1）．様々なサイズのケースが市販されていますが，もし1セルのサイズが大きい場合は，プラスチック消しゴムを適当な大きさにカットし（図2ア～ウ），しきりとしてセルの中に入れて電解槽の大きさを幅30 mm，奥行き20 mm程度にすることで，電極間の距離が2 cm以内に収まるように電解槽の大きさを調整します．なお，耐水性のパテでポリスチレン製ケースとプラスチック消しゴムの隙間に目止めを施し（図2エ），寒天相と陰極相，陽極相の境にガイドをつくると，電解質溶液が他の相へ漏れるのを防ぐことができます．

図1　ポリスチレン製ケースの例

図2　作製した電解槽

## ⑵　寒天相の調製について

① 50 mL ビーカーに 0.25 mol/L 硝酸ナトリウム水溶液 10 mL と市販の粉末寒天 0.08 g を加え，ガラス棒でよく撹拌しながら加熱沸騰させます．

② 沸騰した寒天溶液を⑴で作成したポリスチレン製ケースの底辺に平らになるよう流しこみ，約 20 分冷蔵庫で固めます．その際に寒天の中央，陽極，および陰極付近にカットしたプラスチック消しゴムを仕切りとして置きます．このとき中央の消しゴムは待ち針を電解槽の中央に渡して，寒天中に浮かせておきます（図 3 ア）．寒天が固まった時点でこれらを抜くことで，中央と陽極および陰極付近にスポットをつくります（図 4 ア）．消しゴムを抜く前に，スパチュラなどを使ってプラスチック消しゴムと寒天の間に空気を入れると，寒天を崩さずに抜くことができます．

図 3　寒天を入れる前にしきりを入れた様子

図 4　寒天が固まった後しきりをはずした様子

## 準備物

【器具】寒天入りセルプレート，スポイト（4 つ），ストップウォッチ，保護メガネ，炭素棒（電極）4 本[1]，電極支持板（発泡スチロール板など）2 枚，直流安定化電源[2]，ミノムシクリップつき導線（＋・－各 1 個），直定規

【試薬】1.0 mol/L 塩化銅（Ⅱ）水溶液，0.50 mol/L 希硫酸，1.0 mol/L 炭酸ナトリウム水溶液，1.0 mol/L 硫酸銅（Ⅱ）と 0.50 mol/L 過マンガン酸カリウムの混合溶液

※ 1：炭素棒はホルダー芯（2B など）を 4 cm 程度の長さにカットしたものを使用します．
※ 2：直流安定化電源の代わりに 9 V 角型電池（6P 乾電池）を用いることもできます．

## ■実験方法 (実験時間約 30 分)

### (1) 塩化銅（Ⅱ）水溶液の電気分解実験（図 5）

［注意］実験(2)で使用するセル以外のセルを用いて行います.

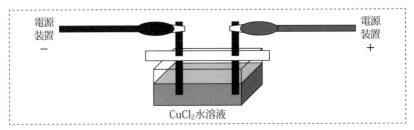

電源
装置
−

電源
装置
＋

$CuCl_2$水溶液

図 5　実験(1)の装置の概観

① 炭素棒を電極として，1 cm 程度の間隔をあけて支持板で固定し，電源装置の「＋」に赤色，「−」に黒色のミノムシクリップでつなぎます.
② 1.0 mol/L 塩化銅（Ⅱ）水溶液を深さ 1 cm 程度まで入れます.
③ 電源装置のスイッチを入れ，電圧調整つまみを回し，直流電圧 9 V に合わせます. 電圧をかけているときは，装置の金属部分や水溶液にふれないように注意しましょう.
④ 塩化銅（Ⅱ）水溶液と電極付近の変化の様子を 5 分間観察します.
⑤ 5 分後，電圧調整つまみを回し，直流電圧を 0 V に戻し，電源装置のスイッチを切ります.
⑥ 水溶液中から電極を取り出し，変化の様子を観察します.

### (2) イオンの移動観察実験（図 6）

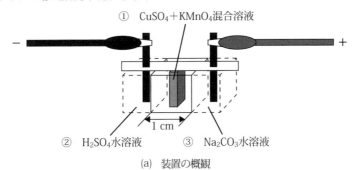

① $CuSO_4$＋$KMnO_4$混合溶液

1 cm

② $H_2SO_4$水溶液　　③ $Na_2CO_3$水溶液

(a)　装置の概観

(b) 装置の実物

図6 実験(2)の装置

① 中央のスポットに硫酸銅(Ⅱ)と過マンガン酸カリウムの混合水溶液をスポイトで8〜9分目くらいまで入れます[※3].

② −極側のスポットに希硫酸をスポイトで8〜9分目くらいまで入れます.

③ ＋極側のスポットに炭酸ナトリウム水溶液をスポイトで8〜9分目くらいまで入れます[※4].

④ 炭素棒を電極として,寒天に接しないようにできるだけ近づけて支持板で固定し,電源装置の「＋」に赤色,「−」に黒色のミノムシクリップでつなぎます.

⑤ 電源装置のスイッチを入れ,電圧調整つまみを回し,直流電圧9Vに合わせます.電圧をかけているときは,装置の金属部分や水溶液にふれないように注意しましょう.

⑥ 寒天に定規をあてて5分間観察し,1分ごとに変化の様子をスケッチします.

⑦ 5分後,電圧調整つまみを回し,直流電圧を0Vに戻し,電源装置のスイッチを切ります.

※3:硫酸銅(Ⅱ)と過マンガン酸カリウムの混合水溶液は入れにくいので,注意が必要です.スポイトの先を穴に入れて正面から見ながら注げば,こぼさないように入れることができます.

※4:炭酸ナトリウム水溶液は最後に加えます.加えたらできるだけすぐに電圧をかけます.長時間放置しておくと,炭酸ナトリウム水溶液が寒天を通って水酸化銅(Ⅱ)をつくってしまいます.

## ■実験結果

1. 実験(1)の結果をまとめなさい.

> －極に赤褐色の物質が付着した.
> こすると金属特有の光沢が出たことから銅と考えられる.
> ＋極から気体が発生した.
> プールの消毒薬のにおいがしたことから塩素と考えられる.

2. 実験(1)において，水溶液中でおこった変化を予想し，図にかいて説明しなさい.

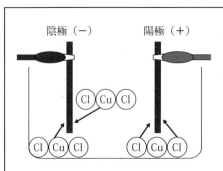

－極付近で塩化銅（Ⅱ）の一部が電極に付着して銅となって出てきた.
＋極付近で塩化銅（Ⅱ）の一部が塩素となって電極から発生した.

3. 実験(2)において，セル内の寒天の観察結果を経過時間ごとにかきなさい.

| | 0分 | 1分後 | 2分後 | 3分後 | 4分後 | 5分後 |
|---|---|---|---|---|---|---|
| 電圧を<br>かけた<br>寒天の<br>様子 | | | | | | |

## ■ 考 察

実験(1)・(2)の結果より，実験(1)の水溶液中でおこった変化を考え，図にかいて説明しなさい.

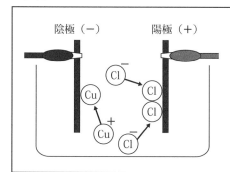

陰極（－）　　　陽極（＋）

＋の電気を帯びた銅の粒子が－極に移動し，付着して銅となって出てきた.
－の電気を帯びた塩素の粒子が＋極に移動し，塩素となって発生した.

## ■ 解 説

すでに様々なイオンの電気泳動装置が考案されてきましたが，電解質水溶液の支持体にろ紙を用いた場合，高電圧を必要とするため，生徒個々の実験には不向きで，主に演示実験として用いられている場合が多くなっています. 仮に 10 V 以下の低電圧で行うと，イオンの移動に時間がかかってしまい，ろ紙の乾燥などの問題も含めて，授業内で取扱うことが難しくなります. そこで，電解質水溶液の支持体に寒天を用いて，装置そのものをマイクロスケール化することにより，「電圧 10 V 以下で安全に扱えること」，「10 分以内での観察を可能とすること」，「手軽な装置により生徒一人ひとりが扱えること」という 3 点を実現でき，個々の生徒がイオンの連続

的な移動を視覚的に実感することが可能となりました[1].

本装置には工夫した点が 2 点あります. 1 点目は，陰極側に希硫酸を加えることです. 水の電気分解では，陰極では以下の反応がおこり，水酸化物イオンが生成されます.

$2H_2O + 2e^- \rightarrow H_2 + 2OH^-$

このため，陰極側に移動してきた銅（Ⅱ）イオンなどの金属陽イオンの多くは以下の反応により，水酸化物の沈殿が形成されるので，途中でイオンの移動が止まってしまいます.

（例）　銅（Ⅱ）イオンの場合

$Cu^{2+} + 2OH^- \rightarrow Cu(OH)_2\downarrow$

そこで，あらかじめ陰極付近に希硫酸を加えておくことで，陰極で以下の反

応がおこり，水酸化物イオンが生成されないことから，金属陽イオンの連続的な移動観察を可能としました．

$$2H^+ + 2e^- \rightarrow H_2$$

2 点目は，陽極側に炭酸ナトリウム水溶液を加えていることです．炭素電極を陽極に用いると，図 7 に示すように，多くの水溶液で炭素電極の腐食がおこりますが，炭酸ナトリウム水溶液を用いた場合，この腐食を防ぐことができます[2]．白金などの安定な電極を用いれば，この問題は解決できるのですが，個々の生徒の実験教材を想定したとき，高価な白金電極を何本も用意することは，現実的ではないと考えられることから，この方法は有用だといえます．

(a)　Na₂CO₃aq　　　(b)　NaNO₃aq

(c)　Na₂SO₄aq

図 7　9 V 印加 5 分後の陽極炭素棒付近の様子

一方，有色の陰イオンとして，過マンガン酸イオンを用いた移動観察を行っています．過マンガン酸イオンは電気泳動の途中に還元されやすく，茶褐色の酸化マンガン（IV）に変色してしまうこと

があります[3]．これは，従来の電気泳動装置の電極間距離が長いために，移動に十分な電流値が得られないことからおこりうる現象であると考えられます．今回の実験装置では，マイクロスケール化し，電極間距離を短くすることによって，過マンガン酸イオンが還元されるまでに移動するため，観察を可能にしています．

### ＜発展的な学習や探究活動への展開＞

前述の通り，陰極側に硫酸を加えずに寒天に直接電極を入れると，途中で水酸化銅（II）の沈殿を形成し，銅（II）イオンの移動はその時点で停止します．高校生であれば，あえてその現象を生徒に提示することで，寒天内でどのような化学変化がおこっているのかを予想させるなど，「酸化と還元」と「無機物質」の単元を横断した思考活動が可能であると考えます．また，この現象を利用して，種々の金属イオンの泳動距離の違いを詳細に検討し，それらの分離検出に応用した生徒研究例[4]などもあり，探究活動への発展も考えられます．

さらに本教材が陽極相・寒天相・陰極相の 3 相構造からなることを利用すれば，電極付近でおこる反応系と寒天相中のイオンの挙動を分けて考えさせることができます．それにより，電気分解による電極での反応は酸化および還元のしやすさによって決まり，イオンの移動はあくまでも副次的なものだというこ

とを意識付けさせることができると考えます. その指導例として, 以下のような授業展開を示します. まず生徒に「電解質溶液中のイオンは反対の電荷をもつ電極に引きつけられて移動しているのだろうか」という問題を提示した後, 本教材のイオンの移動観察実験を行います. その後, グループで本題に対して話し合います. その中で「過マンガン酸カリウムは(酸性溶液中で)強い酸化剤としてはたらくはずなのに, 過マンガン酸イオンが陽極に移動している.」,「水素イオンが反応して水素が発生しているのに, 銅(Ⅱ)イオンは陰極へ移動している.」といった気づきを引き出すことで, 溶液中のイオンが電極にひきつけられているのではなく, 電極付近の反応による電荷の増減が, イオンの移動に影響を及ぼしている[5]という, 電気化学の本質の理解につながるものと考えます.

## 参考文献

1) 沼口和彦・中山迅・中林健一:「マイクロスケール化学実験による銅イオンの移動―寒天を用いる反応系の改良による有色イオンの観察―」, 理科教育学研究, 54(1), 61-69, 2013

2) 鈴木智恵子・居林尚子:「水の電気分解における電極と電解質の関係についての再検討」, 化学と教育, 41(6), 396-399, 1993

3) 今井昭二・林仁久・林康久:「リンモリブデン酸イオンを用いた濾紙電気泳動」, 化学と教育, 39(4), 448-449, 1991

4) 例えば, 大分県立大分上野丘高等学校化学部:「イオン泳動の研究～限界泳動距離の出現について～」, 第57回日本学生科学賞 内閣総理大臣賞受賞作品, 2013

5) 渡辺正:「電気化学のしくみ」, 化学と教育, 65(12), 616-619, 2017

## 2.2 結晶の成長を見る

# 1 セルプレートを利用したミョウバン結晶の成長

**【単元】** 小学校第5学年「もののとけ方」

**【実験のねらい】**

　セルプレートを利用し，少量の試薬で一度にたくさんのミョウバン結晶づくりが可能です．冷蔵庫を恒温槽として利用することで温度管理も容易になります．結晶づくりの前に，予備実験としてミョウバンの溶け方を調べます．

| 準備物 |
| --- |
| **【器具】** 6セルプレートあるいは12セルプレート，ピンセット，ビーカー，温度計，氷 |
| **【試薬】** 硫酸カリウムアルミニウム12水和物（カリウムミョウバン） |

図1　結晶状

図2　粉末状

**■予備実験（種結晶の準備）**（実験時間　予備実験約30分）

① 　水の温度を20，40，60 ℃に変えて，水50 mLに溶けるミョウバンの量を調べなさい．
② 　①の溶液のどれかを使って，氷水で冷やし，粒が取り出せるか調べなさい．
③ 　①の溶液のどれかを使って，放冷により溶液を蒸発させ，粒が取り出せるか調べなさい．

## ■ 実験方法（結晶づくり）（実験時間　約 15 分，観察は数週間から 1 ヶ月）

　実験に用いるカリウムミョウバンには，透明の結晶状のものと白い粉末状のものがあります（図 1, 2）．結晶状のものは，そのまま種結晶として利用できます．

① 　40 ℃程度にあたためた水 100 mL に対し，ミョウバン 30 g の割合で溶かし，よくかき混ぜて飽和ミョウバン溶液をつくります．この溶液を室温まで冷やし，さらに結晶づくりに使用する冷蔵庫で保管しておきます．

② 　6 セルプレート（あるいは 12 セルプレート）に種結晶となるミョウバン結晶を入れ（図 3），①の飽和溶液を注ぎ，冷蔵庫に入れます．

③ 　冷蔵庫内では，徐々にミョウバンの飽和溶液が蒸発して，セル内の水位が下がるので，結晶が溶液に十分浸かるように，週に数回①の飽和溶液を補充します．

④ 　結晶が成長し始めたら，八面が均等に成長するよう，ピンセットを使って，面積の小さい面を下にします．

⑤ 　セル内に小さな結晶が見られた場合は，ピンセットで取り除きます．また成長中の結晶に小さな結晶が付着した場合も，カッターナイフやピンセットを使って取り除きます．

⑥ 　③〜⑤を繰り返します．冷蔵庫からセルプレートを取り出したときの様子を記録します．

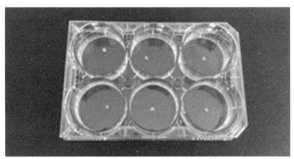

図 3　6 セルプレートに入れた種結晶

## ■実験結果

1. 水（50 mL）の温度を変えたときのミョウバンが溶ける量を書きなさい.

| 水温［℃］ | ミョウバン［g］ |
|---|---|
| 20 | 6 |
| 40 | 12 |
| 60 | 30 |

2. ミョウバンの水溶液を氷水で冷やしたときの様子を書きなさい.

小さい粒が出てきた.
粒を取り出すことができた.

3. ミョウバンの水溶液を蒸発させたときの様子を書きなさい.

ミョウバンの粒が出てきた.

4. 冷蔵庫からセルプレートを取り出したときのミョウバンの結晶の様子を書きなさい.

図 4 に，6 セルプレートと 12 セルプレートを使って成長させた様子を示す.
約 10 日で大きさ（約 7 〜 8 mm）に成長した.

図 4　セル内で成長した結晶
（a：6 セルプレート，b：12 セルプレートを使った場合）

## ■ 考 察

実験結果からわかったことをまとめなさい.

> ミョウバンは, 水の温度が高くなるほどよく溶けることがわかった.
> また, ミョウバンの水溶液を冷やしたり, 蒸発させたりすると, 溶けていたミョウバンの粒が取り出せることがわかった.
> 成長した結晶は, ほぼ正八面体かあるいは一部, 頂点が平らな多面体になっていた. 約1ヶ月で, 2cmほどの大きさになった.

## ■ 解 説

　ミョウバンの結晶づくりは, あたためた飽和ミョウバン溶液を発泡ポリスチレンなど保温性の高い容器に入れ, ゆっくり冷ます方法(再結晶)が一般的です. この方法は, 特に冬場の温度管理が難しく, 一つの結晶をつくるために大量のミョウバンを必要とするなど問題点があげられます.

　本実験のように, セルプレートを利用すると, 一度にたくさんのミョウバン結晶づくりが可能で, 試薬量の削減もできます. 冷蔵庫は扉を頻繁に開けなければ温度管理も容易で恒温槽として利用することができます.

　ミョウバンは, $Al\square(SO_4)^2 12H_2O$ の化学式で表され, $\square$ の部分にアルカリ金属やアンモニウムが入ったいろいろな種類がありますが, 一般的には, 硫酸カリウムアルミニウム(カリウムミョウバン)のことをいいます. アルミニウムの代わりに, クロムが入ったものをクロムミョウバンといいます. ま

た, 市販されているミョウバンには, 水和物と無水和物があります. 今回の実験に用いた硫酸カリウムアルミニウム $AlK(SO_4)^2 12H_2O$ は, 無色の結晶または, 白色の粉末で無臭, 味はやや甘く正八面体の結晶です. 無水和物である $AlK(SO_4)^2$ は, 焼ミョウバン(無水ミョウバン)ともいわれ, 白色のかたまりまたは粉末です. 焼ミョウバンは, 水和物とは化学的な性質は同じですが, 溶解度が大きく異なります(表1, 化学便覧より). 本実験では, 水和物を用いています.

表1　水 50 mL に対して溶ける量

| 水温 [℃] | $AlK(SO_4)^2 12H_2O$ [g] | $AlK(SO_4)^2$ [g] |
|---|---|---|
| 0 | 2.9 | 1.5 |
| 20 | 5.7 | 3.0 |
| 40 | 12.0 | 5.9 |
| 60 | 28.7 | 12.4 |
| 80 | 161 | 35.5 |

　ミョウバンは，媒染剤（染料を繊維に
定着させる薬品），濁水の浄化，止血な
どにも用いられている身近な薬品です．

　従来の方法では，一つのミョウバン
結晶をつくるためにビーカーいっぱいの
飽和水溶液を必要としますが，マイクロ
スケール化することにより，従来よりも
少量の飽和溶液で，一度に 6 ～ 12 個
の結晶をつくることができます．種結晶
として利用するミョウバンには，実験で
得られた再結晶した正八面体に近いミョ
ウバンを選んでもかまいません．1 か月
程度で，約 2 cm の結晶に成長します
（図 5）.

図 5　成長した結晶
（大きさは約 2 cm）

## 参考文献

福島いずみ：「冷蔵庫を使ったミョウバン
の簡単結晶づくり」，フォーラム理科教
育，No.2, 37-40, 2000

## 2.2 結晶の成長を見る

# ② 水に溶けた物質を取り出す

【単元】 中学校第 1 学年「身の回りの物質」

【実験のねらい】

　物質に水を入れ，熱したときの溶け方を観察し，その後冷やして溶けた物質がどうなるかを観察します．塩化アンモニウムの結晶を観察します[1]．

### 準備物

【器具】マイクロチューブ（1.5 mL），加熱器具，電子てんびん，薬包紙，ルーペ

【試薬】塩化アンモニウム，蒸留水

## ■ 実験方法 （実験時間約 15 分）

① 目盛りを目安にマイクロチューブに蒸留水 1.0 mL 入れます．

② 塩化アンモニウム 0.5 g を電子てんびんではかりとります．

③ 薬包紙を使ってこぼさないように，塩化アンモニウムをマイクロチューブに入れます．

④ 塩化アンモニウムが溶けるかどうか観察します．

⑤ マイクロチューブを湯の中に入れ，溶けるかどうか観察します．

⑥ 溶けきったら，マイクロチューブを取り出し，逆さまに立てて静置します（図 1）．

⑦ マイクロチューブ内の温度が下がっていくとどうなるかを観察します（図 2）．

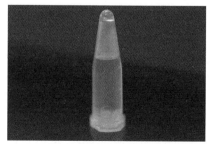

図 1　逆さまに立てる

図 2　塩化アンモニウムの結晶

## ■実験結果

1. 塩化アンモニウムの様子を書きなさい.

| 温度 | 塩化アンモニウムの様子 |
|---|---|
| 28 ℃ | 溶け残った |
| 70 ℃ | すべて溶けた |
| 冷やしたとき の様子 | 固体の塩化アンモニウムが現れた |

2. 冷やしたときに現れた塩化アンモニウムはどのような形をしていましたか.

雪の結晶のような規則正しい形をしていた（図3）.
温度が下がっていくと析出量が増えて結晶も大きくなる.

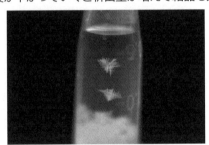

図3　成長した塩化アンモニウムの結晶（右：拡大）

## ■考　察

　観察結果からわかったことをまとめなさい.

水に溶ける物質の量には上限があり，水の温度によって変化する．あたためる前は，水に溶ける量が少なく，溶け残りができたが，温度を上げることによって水に溶ける量が増え，溶け残りがなくなった.
湯からあげて，容器内の温度が下がっていくと水に溶ける量が減り，溶けきれなくなった塩化アンモニウムが現れた.

# ■ 解 説

　マイクロスケール実験のメリットは，試薬の量を減らすことができることです．今回の実験も，マイクロチューブに水 1.0 mL しか用いておらず，1 クラスでも小さなビーカー 1 個分の水溶液で実験を行うことができます．そこでマイクロチューブを用いて一人ひとりの個別実験を行いました．

　また自分の手できれいな結晶をつくり出すという感動を味わってもらうため，サイエンスショーなどでは「試験管の中に雪を降らそう」という演目で用いられる塩化アンモニウムを使って実験を行いました．

　ちなみに塩化アンモニウムの溶解度は以下の通りです．

| 0 ℃ | 20 ℃ | 40 ℃ | 60 ℃ | 80 ℃ | 100 ℃ |
|------|------|------|------|------|-------|
| 29.4 | 37.2 | 45.8 | 55.2 | 65.6 | 77.3 |

（数値は水 100 g に溶解する量［g］）

　マイクロチューブを用いた実験例として，2.4 [1]も参照してください．

　湯浴に用いる容器は，50 mL 程度の小さなビーカーが人数分あれば十分ですが，代用品を考え，給食のプリンカップやヨーグルトカップを回収して活用しました．

　塩化アンモニウムを溶かすための蒸留水の水温や，電気ポットで用意した湯の温度をあらかじめ測定しておき，実験を開始しました．実験結果の通り，蒸留水の温度が 28 ℃の場合，溶解度からすると 0.1 g 強の溶け残りができます．いくら振り混ぜても溶けない状態で，どうすれば溶けるかを生徒に問いました．

　湯であたためることを導き出し，電気ポットの湯をプリンカップに分け，その中でゆすりながらあたためるように指示を出します．完全に溶けたことを確認して，湯から引きあげ，マイクロチューブを逆さまに立てるよう指示を出します．

　マイクロチューブの形状から，逆さまにしないと立たないから，逆さまにするわけではありません．底の先が細い状態だと，そこから水温が下がっていき，底部に結晶がどんどん形成され，サイエンスショーのような「雪が降る」状態になりません．そのために，マイクロチューブを逆さまにして，静かにマイクロチューブの内部に注目するように指示を出します．ルーペを配布して内部を拡大してみることもできます．

　実験のポイントとしては，容量が小さいことから温度の上下が素早いので，湯せん中に温度が上がった状態でカップから引きあげてしまうとすぐに結晶が析出するため，完全に溶けるまでは湯から出さないことです．さらに湯から引きあげたあと，流水で冷やすと急激に温度が下がって結晶が一気に析出して，チューブ内が真っ白になるため，必ず室

温で放冷することです。この2点を徹底することが大切です。

　温度が下がっているにもかかわらず、結晶が析出しない場合は、軽くマイクロチューブをはじいて振動を与えると析出することもありますので試してください。この実験の良い点は、一度マイクロチューブをつくってしまうとくり返し実験が可能な点です。もし、うまくいかない生徒が出てきた場合は、湯であたためなおして仕切り直すことでリカバリーできます。

　この実験で、マイクロチューブ内に塩化アンモニウムを溶かしている際に、ある生徒が「先生！容器が冷たくなっている!!」と発言しました。塩化アンモニウムは溶解時にエネルギーを吸収し、マイクロチューブが手で触ってわかる程度に冷たくなります。中学校第2学年で学習する吸熱反応ですが、話題にする良い機会かもしれません。

　以上のように、中学1年生103名を対象に実験を行ったところ、電子てんびんがうまく使えない、薬包紙からこぼしてしまったなどの理由で、マイクロチューブに0.5 gの塩化アンモニウムがきちんと投入できなかったトラブルは数件あったものの、ほとんどの生徒がきれいな結晶を析出させることができ、歓声をあげる様子を目の当たりにすることができました。

　教科書では、塩化ナトリウムや硝酸カリウムでの実験が主ですが、きれいで印象的な塩化アンモニウムの結晶で再結晶の実験を行うこともできます。

【追記】本実験では、マイクロスケール化のためマイクロチューブを用いています。ミニ試験管を使った場合の実験方法と結果を参考に示します。手順として、100 mL ビーカーに塩化アンモニウム21 g、水45 mL を入れ、加熱します。溶けたことを確認してから、溶液を試験管に入れて、冷却します（自然放冷）。図4は、生徒による実験結果で、試験管の中の様子を詳細に観察してスケッチに残しています[2]。

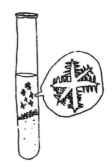

図4　塩化アンモニウムの結晶

## 引用文献

1）谷﨑雄一：「平成19年度研究のまとめ」、四條畷市教育研究会、2008

2）佐藤美子：「理科教育におけるマイクロスケール実験の教材開発と実践—混合物分離実験を中心に—」、四天王寺大学教育研究実践論集、1号、191-197、2016

## 2.3　気体の性質をとらえる

# 1 身近な気体の発生と性質

【単元】 中学校第 1 学年「身の回りの物質」,「いろいろな気体とその性質」

【実験のねらい】

　身近な気体として，空気の主要な成分である酸素(体積比で約 20 %)と二酸化炭素，特異な性質を示すアンモニアの気体について，簡単な発生と捕集方法により性質の確認実験を行います.

### (1)　酸素の発生と確認

| 準備物 |
| --- |
| 【器具】 ミニ試験管，シリコン栓，シリコンチューブ，Z 型試験管立て，ガーゼ，線香 |
| 【試薬】 オキシドール(約 5 ～ 6 %の過酸化水素水)，ニンジン |

### ■ 実験方法 (実験時間約 15 分)

① 　ニンジンを細かくすりおろし，ガーゼにつつみます(図 1).
② 　ミニ試験管にガーゼにつつんだニンジンを入れます.
③ 　ミニ試験管にオキシドールを，試験管の約 1/3 ほど入れます.
④ 　チューブつきのシリコン栓でふたをして，下方置換により生じた気体を別のミニ試験管に捕集します.
⑤ 　気体を捕集した試験管に，煙の出ている線香を入れ，線香の燃焼の様子を観察します.

### (2)　二酸化炭素の発生と確認

| 準備物 |
| --- |
| 【器具】 ミニ試験管，シリコン栓，シリコンチューブ，Z 型試験管立て，線香 |
| 【試薬】 約 5 %クエン酸，貝殻あるいは卵の殻，石灰水，BTB 溶液 |

## ■ 実験方法（実験時間約 15 分）

① 　貝殻あるいは卵の殻を細かく砕いてミニ試験管の底の方に入れます．

② 　約 5 ％クエン酸を 5 〜 6 滴入れ，チューブつきのシリコン栓でふたをします．

③ 　チューブの先を，別の試験管に入れた BTB 溶液あるいは石灰水につけ，ミニ試験管から出てきた気体により，どのように変化したかを観察します．チューブの先は，試験管の液につけないようにしてできるだけ深く入れます．

ニンジンと
オキシドール

図 1　酸素の発生
（すりおろしたニンジンと空の試験管）

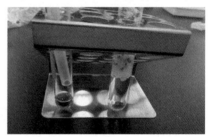

図 2　二酸化炭素の発生
（貝殻と BTB 溶液を入れた試験管）

## ⑶　アンモニアの噴水

| 準備物 |
| --- |
| 【器具】<br>＜アンモニアの発生＞　100 mL ビーカー，セラミックヒーター，試験管（15 × 1.2 cm），シリコン栓，ろ紙，Z 型試験管立て，プラスチック製メスピペット（ディスポタイプ）<br>＜噴水実験＞　100 mL 丸底フラスコ，30 mL シリンジ（プラスチック製，針ナシ），パスツールピペット（先端を使用），シリコン栓，テフロン製注射針<br>【試薬】＜アンモニアの発生＞　濃アンモニア水 2 〜 3 mL<br>　　　　＜噴水実験＞　フェノールフタレイン溶液，BTB 溶液 |

## 実験方法 (実験時間約15分：(a) 実験器具の組立てを除く)

### (a) 実験器具の組立て

① シリコン栓に小さい穴をあけます.
② メスピペットを10 cmほどに切り，シリコン栓にさしこみます (図3).
③ メスピペットの管をさしこんだシリコン栓を試験管にさしこみます.
④ これを100 mL丸底フラスコにさしこむと，アンモニアの捕集用器具ができあがります (図4).

図3　アンモニアの発生用器具　　　　図4　アンモニアの捕集用器具

⑤ シリンジのゴムの部分にシリコングリスを少し塗り，筒の出し入れをスムーズにします.
⑥ シリコン栓に小さい穴をあけます (図5).
⑦ テフロン製注射針をさしこみ，約5 cmに切ったポリスポイトの先を注射針にさしこみます.
⑧ これにフラスコをさしこむと噴水口の部分になり，アンモニアの噴水用器具ができあがります (図6).

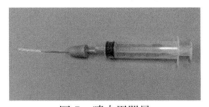 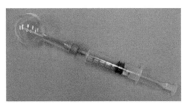

図5　噴水用器具　　　　　　　　図6　噴水用器具の組立て

### (b) 気体の発生と捕集

① 100 mLビーカー3本に水を入れ，指示薬をそれぞれに入れます.
② シリンジを使って約30 mL吸い上げます.
③ シリンジをシリコン栓にさしこんだ注射針にさしこみます.
④ セラミックヒーターで200 mLビーカーに80～90℃の熱湯を準備します.

⑤　アンモニア水の入った試験管を熱湯に入れ，
アンモニアを沸騰させます．

⑥　アンモニア水の入った試験管を垂直にして，
管の先を丸底フラスコにさしこみ，アンモニ
アを捕集します（図7）．

　［注意］突沸に注意して，時々試験管を熱湯の
　　　　　外に出すこと．

⑦　アンモニア水の入った試験管をはずし，試
験管立てに立てておきます．

図7　アンモニアの捕集

⑧　丸底フラスコの口を下に向けたまま，すば
やく注射器のついたシリコン栓をしっかりと
さしこみます．

⑨　器具を垂直に保ったまま，シリンジを少し
だけ押し，中の水を出します．フラスコ内と
注射器の様子をよく観察します（図8）．

　［注意］アンモニアの刺激臭は有毒です．吸わ
　　　　　ないように気をつけること．

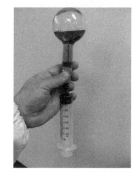

図8　アンモニアの噴水

## ■実験結果と考察

### ⑴　酸素の発生と確認

酸素の発生の様子と確認実験の結果をまとめなさい．

酸素の発生実験では，過酸化水素水を入れ
ると，ガーゼの中のすりおろしたニンジン
から細かい泡が多数出てきた（図9）．
下方置換で気体を集めた試験管に，線香を
入れるとさらに激しく燃えた．

図9　加熱前の様子

## (2) 二酸化炭素の発生と確認

二酸化炭素の発生の様子と確認実験の結果をまとめなさい.

下方置換で気体を集めた試験管に，線香を入れると消えた．二酸化炭素の発生実験では，貝殻から泡が激しく発生した（図10）．試験管に入れた BTB 溶液は緑色から黄色に変色した．また試験管に石灰水を入れた場合，白くにごった.

図 10　加熱後の様子

## (3) アンモニアの噴水

① 試験管の中のアンモニア水を加熱すると，どのような変化が見られましたか．フラスコ内部と注射器の様子について，観察したことを書きなさい.

② なぜ水がフラスコ内で勢いよく噴水のようになったかを，また，色の変化についても説明しなさい.

③ アンモニアの性質について，実験結果よりわかったことをまとめなさい.

① アンモニア水は沸騰した．しばらくすると，アンモニア特有の刺激臭がした．シリンジを少し押しただけで，フラスコ内の注射器の先端から液体が飛び出した．フラスコの上部にぶつかり，底にたまっていった．このとき注射器に入れた指示薬により異なる色を示した．ムラサキキャベツ汁を入れた場合はうすい緑色，フェノールフタレイン溶液の場合は赤色，BTB 溶液の場合は青色に変わった．結果を図11に示す.

図 11　アンモニアの噴水の様子
（左からムラサキキャベツ汁，フェノールフタレイン溶液，BTB 溶液を使用）

② アンモニアの気体は水によく溶ける．シリンジ内の水がフラスコ内に少し入ると，フラスコ内のアンモニアはすぐに水に溶ける．そのためフラスコ内は減圧の状態になる．減圧状態になると，さらにシリンジ内の水はフラスコ内に吸いこまれる．シリンジの先は細いため，その小さい穴から勢いよく水が飛び出し，噴水の状態になる．最初にシリンジの水を押し出すだけで，減圧状態になるため，その後，シリンジは自動的に押しこまれる．アンモニアは水に溶けるとアルカリ性を示す．シリンジの水には指示薬が含まれているので，ムラサキキャベツ汁では紫色からうすい緑色，フェノールフタレイン溶液では無色から赤色，BTB 溶液では緑色から青色に変化する．

③ アンモニアは無色の気体で，水によく溶ける．上方置換法により気体を集めることができたので，空気より軽い．指示薬の色の変化より，アンモニアが溶けた水溶液はアルカリ性である．

## ■ 解 説

中学校第 1 学年の単元「気体の発生と性質」は，大単元「身の回りの物質」，「物質のすがた」に含まれる内容です．中学校理科教科書で扱われる気体は，水素，酸素，二酸化炭素，アンモニア，窒素，塩素です．有毒気体も含むのでマイクロスケール実験により，使用する試薬や気体の発生量を少なくした安全な実験方法で行います．本実験では二酸化炭素と酸素を対象に，ミニ試験管による実験操作の単純化，試薬量の削減，観察の容易さをねらいとしています．実験準備から観察まで 5 ～ 10 分の短時間で完了します．試薬量も極少量で手に触れることがなく，また発生する気体も最小限にとどめることができます．

酸素の発生では，通常，過酸化水素水を分解するのに触媒として酸化マンガン（Ⅳ）を用います．酸化マンガン（Ⅳ）は有毒で取扱いには注意が必要です．ここでは酵素のガラクターゼを含むニンジンを用います．反応を速めるため，すりおろしたニンジンを用いますが，過酸化水素水に入れると浮いてくるので，ガーゼにすりおろしたニンジンを入れ，そのままミニ試験管の底の方に入れています．

二酸化炭素の発生では，通常，大理石と塩酸を反応させます．本実験では，塩酸の代わりにクエン酸を用いています．また大理石の主成分である炭酸カルシウムを含む身近な材料として，貝殻や卵の殻があります．重曹（炭酸水素カ

ルシウム）を用いると加熱分解でも二酸化炭素が発生します．卵の殻は，クエン酸中では浮きやすく，貝殻の方が取扱いは簡単です．確認のために BTB 溶液，石灰水等を別のミニ試験管に入れ，シリコンチューブの先を入れます．先端を溶液につけた場合は，先端を水で洗浄します．クエン酸を入れて空気の排出後に，二酸化炭素の発生を BTB 溶液（緑色から黄色）や石灰水（白濁化）の変化から確認できます．石灰水の場合，長時間，二酸化炭素を通すと，炭酸水素カルシウムが生成して透明になります．セルプレートとプッシュバイアルびんを用いた気体の発生と確認方法については，引用文献 1）及び 2）に詳しく紹介しています．

アンモニアの気体は，20 ℃，1 気圧において，水 1 mL に 753 mL 溶け，また空気と比べた重さは 0.6 です．

「アンモニアの噴水実験」は，アンモニアの性質を積極的に利用しながら，児童・生徒の興味と関心を引きつける教材実験です．従来の「アンモニアの噴水実験」では，ビーカーの水にフェノールフタレイン溶液を入れ，ガラス管で吸い上げる方法が一般的です．ここでは，器具全体を小型化すること，アンモニアの気体が発生したときの刺激臭をできるだけ抑えること，またアンモニアの性質を実感できるように，シリンジが吸い上げられる様子を噴水の観察と同時にできるようにしました．

アンモニアの発生の際には，試験管に入れた濃アンモニア水を 90 ℃ぐらいの熱水につけて，沸騰したら熱水から取り出し，突沸を防ぐことが大切です．この操作を 3 ～ 4 回繰り返すと，丸底フラスコの中に，アンモニアが充満します．シリコン栓と丸底フラスコの間は少し隙間があるので，フラスコ内の空気が追い出され，またアンモニアが充満したときには，ここから臭いがもれることで，充満したことが確認できます．

アンモニアの気体を発生させるには，塩化アンモニウムと水酸化カルシウムを混合し加熱する方法，塩化アンモニウムと水酸化ナトリウムに水を加える，あるいは加熱する方法などがあります[1]．

アンモニアが水に溶解するため，アンモニアの捕集に用いる器具類は十分に乾燥しておく必要があります．

シリンジに入れておく指示薬としてフェノールフタレイン溶液がよく使われますが，BTB 溶液やムラサキキャベツの絞り汁なども使うと色の変化を楽しむことができます．

マイクロスケール実験による気体の発生については，「微型天机化学実験」[3]あるいは「Microscale Gas Chemistry」[4]に，実験の例が多く報告されています．

## 引用文献

1 ）芝原寛泰・佐藤美子：『マイクロス
　　ケール実験―環境にやさしい理科
　　実験』, オーム社, 2011, 同 英訳版
　　オーム社, 2016

2 ）佐藤美子・芝原寛泰：「マイクロス
　　ケール実験による実感を高める「気
　　体の発生と性質」の教材実験―個
　　別実験と時間短縮を目指して―」,
　　科学教育学研究, Vol.38, No.3,
　　168-175, 2014

3 ）周寧懐：『微型天机化学実験』, 科学
　　出版社, 2000

4 ）Bruce Mattson・Michael P・
　　Anderson Susan Mattson：
　　『Microscale Gas Chemistry
　　4th Edition』, Educational
　　Innovations, 2006

## 2.3　気体の性質をとらえる

### 2　インジゴカーミン溶液を用いた水の電気分解における酸素の同定

【単元】　中学校第2学年「化学変化と原子・分子」

【実験のねらい】

　インジゴカーミンは，酸化還元指示薬の一種です．酸素によって酸化され無色から青色に変色します．これを利用して，水の電気分解で陽極に生成した酸素の同定実験を行います．

---

### 準備物

【器具】　12セルプレート，ステンレス製マチ針（電極として使用，長さ40 mm程度）2本，電源装置（直流電圧約5 V程度）

【試薬】　インジゴカーミン（0.025 g），（インジゴカーミン溶液調製用）炭酸水素ナトリウム（0.05 g），0.25 % 次亜硫酸ナトリウム水溶液

---

### ■ 実験方法（実験時間約20分）

① 　以下の手順でインジゴカーミン溶液を調製します．
　蒸留水200 mLにインジゴカーミン0.025 gと炭酸水素ナトリウム0.05 gを溶かします（以下，この溶液をインジゴカーミン溶液とします）．インジゴカーミン溶液に，0.25 % 次亜硫酸ナトリウム水溶液を加え，還元します（インジゴカーミン溶液は青色を呈しています．溶液の色が黄色に変化するまで，少量ずつ0.25 % 次亜硫酸ナトリウム水溶液を加えます）．

② 　還元したインジゴカーミン溶液をセルに満たし，電極（マチ針）を挿入します（図1）．このとき，電極どうしが接触しないよう注意します．

③ 　電極（マチ針）に5 V直流電圧を印加します．

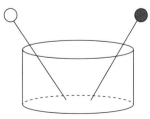

図1　セルに電極（マチ針）を入れる

## ■ 実験結果

インジゴカーミン溶液に電流を流したとき，電極付近に見られた変化を書きなさい．※インジゴカーミン溶液は酸素があると青色に変色する指示薬です．

電流を流した直後から，気体が発生した．また，＋極で電極の周囲からインジゴカーミン溶液が青く変化した．

## ■ 考　察

1.　実験結果からわかったことをまとめなさい．

＋極でインジゴカーミン溶液が青く変化したことから，＋極では，水の電気分解によって，酸素が発生したことがわかった．

2.　水の電気分解を化学反応式で表し，発生する気体を説明しなさい．

$2H_2O \rightarrow 2H_2 + O_2$
上の反応式からもわかるように，水 ($H_2O$) が分解して，水素 ($H_2$) と酸素 ($O_2$) が発生する．

## ■ 解　説

　電気分解実験は，分解によって生成した物質から元の成分が推定できること，物質が原子・分子から成り立っていることを理解するための実験であり，中学校理科「化学変化と原子・分子」の単元で扱われています．対象とする物質については，変化の様子が明確なもの，日常生活との関連があるものとして，水の電気分解が多く採用されています．また，インジゴカーミンは，酸化還元指示薬の一種です．強力な還元剤

によって還元された状態のインジゴカーミン溶液は無色のロイコ酸となり，酸素によって酸化され青色に変色します．これを利用し，水の電気分解で陽極に生成した酸素の同定実験を行うことができます．

　5 V 直流電圧を印加した直後から，気体の生成が観察できます．また，陽極で酸素の生成に伴い，電極の周囲からインジゴカーミン溶液が酸化され，青変します（図 2）．インジゴカーミン溶液

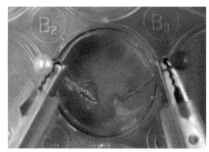

図2　陽極（右）付近で青色に変化

に次亜硫酸ナトリウム水溶液を加えるのは，可逆的に還元するためです．湿った状態や水溶液の次亜硫酸ナトリウム $Na_2S_2O_4$ は，いずれも酸素をよく吸収して，亜硫酸水素塩と硫酸水素塩になります．この状態では，空気から遮断して保存しても，チオ硫酸塩と二亜硫酸塩に分解します．そのため，0.25 ％次亜硫酸ナトリウム水溶液は実験の直前に調製する必要があります．インジゴカーミン溶液が薄黄色〜無色になるまで 0.25 ％次亜硫酸ナトリウム水溶液を加え還元し，容器を密閉して保存します．実験時に溶液の色が黄色になるまでさらにインジゴカーミン溶液を加えて酸化させます．なお，インジゴカーミン溶液は褐色びんに入れ遮光することにより，長期の保存が可能となります．

　陽極で生成した酸素によって，還元したインジゴカーミン溶液が変化しない（酸化しない）場合は，セルに酸化したインジゴカーミン溶液を少量ずつ滴下します．実験机が黒色の場合，呈色が観察しにくいのでセルプレートの下に

白色の紙等を置き，実験するとよいでしょう．

　電気分解に使用する電極材料を選択する際は，①生成する気体によって腐食されないこと，②電気伝導性が良好であること，③廉価であることを条件とします．ステンレス製マチ針はこれら3つの条件を十分に満たしています．また，先端のガラス玉の色を変えることにより，陰極，陽極を区別することができます．マチ針以外にも，直径 0.8 mm 程度のステンレス線が利用可能です．ステンレス線を用いる場合は，陰極，陽極の区別ができるように，先端に色の異なるビニール管をつけるなどの工夫ができます（図3）．

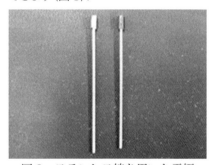

図3　ステンレス線を用いた電極
（直径 0.8 ×長さ 40 ㎜）

　中学校理科では，水酸化ナトリウム水溶液以外にも，水の電気分解実験における支持電解質は希硫酸，硫酸ナトリウム水溶液，うすい塩化ナトリウム水溶液があげられます．

　希硫酸を電解質に用いると，$SO_4^{2-}$ が陽極電極を腐食するため，電極素材

にはステンレスではなく，白金，炭素棒もしくは鉛が適しています．また，発生する酸素にオゾンが混入しやすく，水素と酸素の希硫酸への溶解度が大きいため体積比が 2：1 になりにくいという問題点があります．硫酸ナトリウムは中性塩であるため，陽極では水素イオン $H^+$ が増加し，陰極では水酸化物イオン $OH^-$ が増加します．そのため，水溶液に BTB 溶液を加えて電気分解を行うと，陽極では黄色，陰極では青色に変化する様子が観察できます．同濃度の水酸化ナトリウム水溶液に比べて，反応速度が小さい（電流密度が低い）という問題点はありますが，硫酸ナトリウムは食品添加物や医薬品にも使われていて，生徒実験で用いる場合にも安全な物質です．塩化ナトリウム水溶液（食塩水）を電気分解すると，陽極では塩化物イオン $Cl^-$ が還元されて塩素が生成し，陰極では水が酸化され酸素が生成します．

陽極　$2Cl^- + 2e^- \rightarrow Cl_2$
陰極　$2H_2O \rightarrow O_2 + 4H^+ + 4e^-$

しかし，塩素が生成するのは，塩化ナトリウムの濃度がある程度高い水溶液に限った現象です．これは，標準電極電位 $E°$ で考えると，中性付近の pH 条件では，塩化物イオンよりも水分子の方がはるかに酸化されやすいためです．また，電圧が大きければ，陽極から生成する気体には必ず酸素 $O_2$ と微量のオゾン $O_3$ が混入します．水溶液の濃度が $10^{-3}$ mol/L あたりまで低下すると，電圧が 3 V 程度でも，陽極で生成する気体は酸素になるため，注意が必要です．

図4に中学生を対象に，授業で水の電気分解実験を行っている様子を示します．実践の際，インジゴカーミン溶液を用いた酸素の同定実験では，実験の直前に試薬の調製が必要であったため，酸化による変色が見られないグループがあり，溶液の調製のタイミングについては注意が必要です．

図4　中学生による水の電気分解の様子

**参考文献**

☐ 坂東舞：「マイクロスケール実験による小・中学校理科の教材開発と実践」，京都教育大学大学院修士論文，2007

## ③ 鉄と硫黄の化合

【単元】　中学校第 2 学年「化学変化と原子・分子」,「さまざまな化学変化」

【実験のねらい】

　物質を化合させると, 反応前とは異なる物質が生成することを実験で確かめます. 金属が硫黄と結びつく反応では, 加熱時や生成物の確認実験の際に, 有毒な二酸化硫黄の生成や硫化水素の気体が発生するため, 特に実験室内の換気などに注意して安全に行う必要があります.

### 準備物

【器具】12 セルプレート, ミニ試験管(3 本), ろ紙, 脱脂綿, シリコン栓, フェライト磁石, ミクロスパチュラ支持具(ヒッポークリップ＋ビニル被覆銅線), ミニアルコールランプ(2.1 ③参照)

【試薬】硫黄粉末(0.03 g), スチールウール(0.05 g), 1.5 ％塩酸(点眼びんに入れる)

## ■ 実験方法 (実験時間約 45 分)

① ミニ試験管に硫黄粉末 0.03 g を入れます.

② ①のミニ試験管にスチールウール 0.05 g を入れます(加熱により硫黄の蒸気が拡散しないように, 脱脂綿で栓をしておくこと).

③ 支持具で②の試験管をセルプレートに固定します.

④ ミニ試験管の底部をミニアルコールランプで加熱し反応の様子を観察します.

⑤ 加熱前後の物質をア) 〜ウ) の方法で比べます(加熱したミニ試験管は十分に放冷しておくこと).

　ア) ミニ試験管に磁石を近づけます.

　イ) ミクロスパチュラでろ紙上に取り出し, それぞれをミクロスパチュラで触ってみて違いがあるか確かめます.

ウ）ミニ試験管に点眼びんで塩酸を 3 滴加えます．入れすぎないように注意
　　します．臭いが確認できれば，ミニ試験管の半分程度まで点眼びんに入れ
　　た水を加えて気体発生を抑え，さらにシリコン栓で開口部を閉じます．

脱脂綿

スチールウール

硫黄

図 1　ミニ試験管と試薬

図 2　加熱の様子

図 3　赤熱の様子

図 4　磁石との反応
　　　（加熱前）

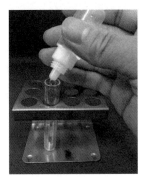

図 5　塩酸の滴下の様子

図 6　シリコン栓で密閉

## ■実験結果

1.　加熱前後の物質を調べた結果を表にまとめなさい．

|  | 色 | 磁石のつきかた | さわった違い | 塩酸との反応 |
|---|---|---|---|---|
| 加熱前 | 黒色<br>（銀色） | くっつく | かたい<br>（弾力がある） | 臭いなし |
| 加熱後 | 黄色がかった黒色<br>（黒色） | くっつかない<br>（少しくっつく） | もろくてくずれ<br>やすい | 腐卵臭がした |

2. 実験から，観察した様子やわかったことを書きなさい.

> 加熱前のスチールウールは黒色だが，試験管の中で赤熱の後，少し黄色を含んでいた. 加熱後は，磁石とはほとんど反応しなかったことから，スチールウールと硫黄を混ぜて，加熱すると，性質の違う別の物質に変わったことがわかった. 塩酸との反応では，加熱前と違って刺激のある臭いがした.

## ■考 察

1. 鉄と硫黄の加熱前後の状態をモデルと反応式で表しなさい.

例) 鉄 (Fe)　　硫黄 (S)

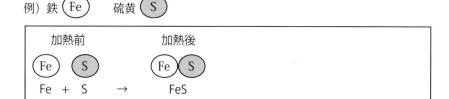

2. 次のキーワードを用いて，実験結果に基づき，混合物と化合物の違いについてまとめなさい.

キーワード：鉄，硫黄，硫化鉄

> 混合物は，2種類以上の物質が混ざりあったもの. 化合物は2種類以上の元素からなる物質. この実験では，加熱前は鉄（スチールウール）と硫黄の混合物であったが，加熱により鉄と硫黄からなる化合物（硫化鉄）となり，加熱前の混合物とは違う性質になった.

## ■解 説

マイクロスケール実験の特徴として「試薬の少量化に伴った事故防止」があげられます. 本実験は，硫化水素などの有毒な気体を扱う実験を行うため，試薬の少量化により，実験中に発生する有毒な気体の発生をごく微量まで抑え，安全に実験を行うことができる方法を検討したものです[1,2,3].

試薬量を少なくするため，ミニ試験管（0.5 × 7.5 cm）を採用しています. また，ミニ試験管を安定して固定するためにヒッポークリップとビニル被覆銅線を用いて支持具を作製しています. 2.1 ③でも同様のものを使用しています. 詳

しくは引用文献 1) を参考にしてください．実験方法②では，0.05 g の丸めたスチールウールを用いますが，表面がさびて酸化されたスチールウールでは化合反応がおこらないため，新しいスチールウールを使います．ミニ試験管の底部がミニアルコールランプの炎口の真上になるように調節しながら，ミニアルコールランプで約 1 分間加熱します．加熱し始めると硫黄粉末が融けだし，白色〜黄色の蒸気が発生します．さらに加熱を続けるとミニ試験管内のスチールウールが硫黄の蒸気と反応し，図 3 のように赤熱されます．

加熱時における二酸化硫黄の拡散を防ぐため，ミニ試験管の開口部を脱脂綿で栓をすることが重要です．

鉄と硫黄の加熱反応によって硫化鉄が生成しますが，ここでは反応前と異なる物質が生成することを理解するために，加熱前の鉄と硫黄の混合物と加熱後の生成物の性質を比較する実験を行います．主な比較実験として，Ⓐ磁石との反応，Ⓑ塩酸との反応，があげられます．本実験においては比較実験Ⓐ，Ⓑについて，より簡便で安全な方法を検討しました．特に，比較実験Ⓑで発生する硫化水素は，特有の刺激臭（腐卵臭）をもつ有毒気体です．非常に低濃度でも腐卵臭として感知でき，大気中において 3 ppm（1 ppm ＝大気中に 0.0001 ％）以上の濃度で不快臭となります 4)．気体検知器（GASTEC GV-100S）を用いてミニ試験管の開口部 1 cm で硫化水素濃度を測定しました．1 ppm 程度に抑えるための試薬は，硫化鉄 0.02 g の量に対して 1.5 ％の塩酸濃度が適当であることがわかりました 1)．実験時には，塩酸を入れすぎないことや実験中の室内の換気が特に重要となります．事前の予備実験により気体の発生量を確認することも必要です．

臭いを確認する場合は，図 7 のように，試験管の口付近で手をかざします．直接，試験管に鼻を近づけないように細心の注意が必要です．生成物が硫化鉄であることの確認のため，硫化水素の発生を伴う実験を行っていますが，最初の混合物とは異なる化合物ができているだけの確認であれば省略も可能です．

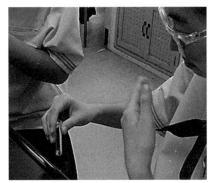

図 7　臭いを確認方法

比較実験Ⓐの磁石との反応では，硫化鉄が鉄と異なり磁性をもたないため，反応前後の物質をフェライト磁石（直径 2.5 cm）との反応により確認しま

す．硫化鉄や混合物に直接磁石を近づけないよう，図4のようにミニ試験管に物質を入れた状態で確認します．加熱実験により硫化鉄が生成しているものの，未反応の鉄が生成物中に残留しているため生成物も磁石に反応する場合があります．そのため，磁石への反応の強弱によって違いを識別することになります．ネオジウム磁石よりも磁力の弱いフェライト磁石が適しています．考察1では，化学反応式も用いていますが，学習の順序によっては発展的な扱いになります．

## 引用文献

1）柴辻優俊・芝原寛泰：「中学校理科における鉄と硫黄の化合実験の教材開発―有毒気体に対する安全性に配慮したマイクロスケール実験の活用―」，京都教育大学教育実践研究紀要，第15号，63-69，2015

2）柴辻優俊・芝原寛泰：「中学校理科における鉄と硫黄の化合の教材開発―安全性に配慮したマイクロスケール実験の活用―」，日本理科教育学会第64回全国大会論文集，219，2014

3）中野源大・芝原寛泰：「高等学校化学における二酸化窒素を用いた化学平衡の移動実験―マイクロスケール実験による教材開発及び授業実践―」，理科教育学研究，Vol.54，No.3，393-401，2014

4）消防研究センター：「硫化水素による自殺事件の多発とその対策」，消防の動き，9月号，15-16，2008

## 2.3　気体の性質をとらえる

# ④ 酸化銀・炭酸水素ナトリウムの熱分解実験

**【単元】** 中学校第 2 学年「化学変化と原子・分子」

**【実験のねらい】**

　中学校学習指導要領では，「熱を加えたり電流を流したりする事によって物質を分解する実験を行う」とあります．ここでは例として酸化銀，炭酸水素ナトリウムの熱分解をマイクロスケール実験で行います [1]．

### 準備物

**【器具】** ミニ試験管（直径 1 ×長さ 7.5 cm），ミクロチューブ（直径 1.2 ×長さ 5 cm），支持具[※]，ミニアルコールランプ[※]，気体誘導管[※]，アルミニウム箔（3 × 3 cm），サンプリングチューブ（直径 0.9 cm），ろ紙 1 枚，線香 1 本，薬さじ，12 セルプレート

**【試薬】** 酸化銀（粉末），炭酸水素ナトリウム（粉末），フェノールフタレイン溶液，石灰水，塩化コバルト紙

　※支持具，ミニアルコールランプ，気体誘導管の作製方法については 2.1 ③ を参照

## ■ 実験方法 （実験時間　実験(1)：約 15 分，実験(2)：約 35 分）

**(1)　酸化銀の熱分解実験**

　① 　アルミニウム箔をサンプリングチューブに巻きつけ，試薬を入れる実験皿を作製します（図 1）．

　② 　①の実験皿に酸化銀粉末 0.1 g をのせ，ミニ試験管に入れます．

図 1　アルミニウム箔の実験皿

　③ 　ミニ試験管を支持具ではさみ，12 セルプレート上に固定します（図 2）．その後，ミニ試験管の底部がミニアルコールランプの炎口の真上になるように調節します．

④　反応物を加熱し白色に変化したら，煙の出ている線香をミニ試験管内に入れ，線香の燃え方を観察します（図3）.

⑤　加熱終了後，ミニ試験管を十分に放冷し反応物をろ紙上に取り出します.その後，薬さじの底などで粉末を強くこすり，反応物の変化の様子を観察します（図4）.

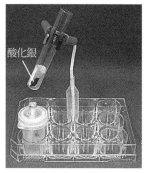
酸化銀

図2　酸化銀の熱分解実験

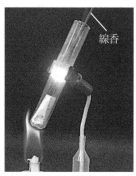
線香

図3　線香の燃える様子

図4　ろ紙上での反応物の変化の様子

## ⑵　炭酸水素ナトリウム熱分解実験

①　炭酸水素ナトリウム 0.1 g をミクロチューブに入れます.

②　①のミクロチューブに気体誘導管を取りつけ，シリコンチューブの先端をセル内に注入した石灰水に入れ，ミクロチューブを支持具で固定します.このとき，加熱によって生じた液体が加熱部分に逆流して試験管が割れるのを防ぐため，ミクロチューブの底部を少し上に向けて固定します（図5）.

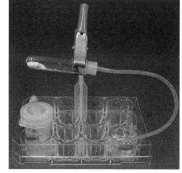

図5　炭酸水素ナトリウムの熱分解実験の様子

③　炭酸水素ナトリウムを加熱し，反応物や石灰水の変化の様子を観察します（図6）.なお，気体の発生が止まれば，石灰水が逆流しないように気体誘導管のシリコンチューブの先端を石灰水から取り出してからミニアルコールランプを消火します.

④　ミクロチューブを放冷後，ミクロチューブの開口部に生じた水滴に青色の塩化コバルト紙をつけて，色の変化を観察します.

⑤　加熱前の炭酸水素ナトリウムと加熱後に試験管内に残った物質をセルに少量ずつ取り出し，水への溶け方，フェノールフタレイン溶液を加えたときの色の変化をそれぞれ比較します（図 7）．

図 6　石灰水の変化の様子

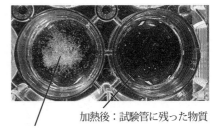

加熱後：試験管に残った物質

加熱前：炭酸水素ナトリウム

図 7　加熱前後の物質の水への溶けやすさ

## ■ 実験結果

1.　実験(1)の④について，線香の炎はどのような燃え方をしたか説明しなさい．また，その結果より，生じた物質名は何か答えなさい．

| 試験管内に入れた途端に，激しく燃えた． | 物質名<br>　　　酸素 |

2.　実験(1)の⑤について，反応物を薬さじの底で強くこすったときの反応物の変化の様子を説明しなさい．その結果より，生じた物質名は何か答えなさい．

| 金属光沢が見られた． | 物質名<br>　　　銀 |

3.　実験(2)の③について，石灰水はどのように変化したか説明しなさい．また，その結果より生じた物質は何か答えなさい．

| 発生した気体を通すと，白くにごった． | 物質名<br>　　　二酸化炭素 |

4. 実験(2)の④について，塩化コバルト紙は青色から何色に変化したか説明しなさい．また，その結果より生じた物質は何か答えなさい．

| | |
|---|---|
| 赤色に変化した． | 物質名<br>　　　　水 |

5. 実験(2)の⑤について，加熱前の炭酸水素ナトリウムと加熱後に試験管に残った物質を比較し，水への溶けやすさとフェノールフタレイン溶液との反応の様子をそれぞれ説明しなさい．

| | 加熱前の炭酸水素ナトリウム | 加熱後に試験管に残った物質 |
|---|---|---|
| 水への<br>溶けやすさ | 溶け残りができる | よく溶ける |
| フェノール<br>フタレイン溶液<br>との反応 | わずかに赤色に変色する | はっきりと赤色に変色する |

## ■考 察

1. 実験結果 1，2 より，実験(1)の化学変化の様子について，化学反応式を用いて答えなさい．

| |
|---|
| $2Ag_2O \rightarrow 4Ag + O_2$ |

2. 実験結果 3～5 より，実験(2)の化学変化の様子について，化学反応式を用いて答えなさい．

| |
|---|
| $2NaHCO_3 \rightarrow Na_2CO_3 + H_2O + CO_2$ |

# ■解 説

中学校学習指導要領解説によれば，物質の分解について 1 種類の物質から 2 種類以上の元の物質とは異なる物質が生成することを見出して理解させることがねらいとされています．その実験例として，熱分解実験では変化の様子が明確なものとして酸化銀を，日常生活との関わりがあるものとして炭酸水素ナトリウムを扱うことが示されています．

酸化銀は 280 ℃以上の加熱で熱分解し，

$$2Ag_2O \quad \rightarrow \quad 4Ag + O_2$$

の反応がおこり，銀と酸素が生成します．

酸化銀は中学校の理科実験で取扱う試薬の中でも高価（50 g で 5000 円程度）です．1 g あたりの酸化銀から熱分解して生じる酸素量は約 50 mL なので，試験管 1 本分程度の量しか発生しません．そのため，生徒実験では 1 班に 3 g 程度使用しなければならず，費用面の問題から炭酸水素ナトリウムの熱分解実験が一般的に扱われていることが多いです [2]．

本実験では使用する試薬量を削減した上で，マイクロスケール実験で行うことが可能です．注意点としては，水上置換法で集められる酸素が十分な量ではないため，実験(1)の④のように，熱分解中に試験管内に煙の出ている線香を入れて燃え方を確認してください．

また，炭酸水素ナトリウムの熱分解実験では，パスツールピペットを反応容器としてターボライターで加熱するマイクロスケール実験の先行例の報告があります [3]．

本実験では，試薬量の削減や実験操作の簡略化により短時間での実験が可能です．また今回は酸化銀と炭酸水素ナトリウムの熱分解を同一の実験器具で取扱いましたが，発展的な扱いとして，炭酸水素アンモニウムの熱分解実験も行うことも可能です [1]．

## 引用文献

1 ）柴辻優俊・芝原寛泰：「マイクロスケール実験による中学校理科の熱分解実験の教材開発」，フォーラム理科教育，No.16，9-15，2015

2 ）荘司隆一：「酸化銀の熱分解」，化学と教育，65巻，5号，240-241，2017

3 ）小松寛・池本勲：「加熱をともなう化学反応のマイクロスケール化（パスツールピペットを用いた簡単なマイクロスケール実験）」，化学と教育，63巻，2号，96-97，2015

# 5 $NO_2$ を用いた化学平衡の移動実験

**【単元】** 高等学校化学「化学平衡とその移動」

**【実験のねらい】**

　二酸化窒素の濃度変化に伴う色の変化によって，圧力，温度変化に伴う二酸化窒素と四酸化二窒素間の平衡移動の様子を観察します．また，二酸化窒素の発生から集気，処理までをドラフトを用いることなく行います．

## 準備物

**【器具】** プラスチック製シリンジ 5 mL（2 本），プラスチック製シリンジ 20 mL，三方活栓コック，二方活栓コック（2 個），パックテスト容器，セル用ベース，テフロン製注射針，ステンレス製注射針（2 本），ミニ試験管，ビーカー 50 mL（2 個），ゴム栓 6 号，シリコン栓 11 号，プラスチック製仕切り板，セラミックヒーター，氷

**【試薬】** 銅（顆粒）0.04 g，濃硝酸 0.2 mL，ヤシ殻活性炭（20mL シリンジの分量）

## 実験方法 （実験時間(1)～(7)を合わせて約 100 分）

**(1) 実験器具の組立て**

　プラスチック製シリンジ 5 mL と二方活栓コック，三方活栓コックを接続します（図 1）．

**(2) 二酸化窒素の生成**

① 生成用シリンジの中に，0.04 g 測りとってある銅を入れ，ピストンを奥まで押しこみます．

② 濃硝酸とテフロン製注射針の入ったパックテスト容器を接続し，

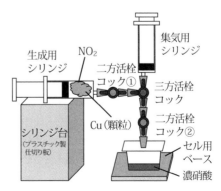

図 1 　実験器具の全体像

生成用シリンジのピストンを引いて，パックテスト容器内の濃硝酸を吸引し，シリンジ内で銅と反応させます．吸引後すぐに三方活栓コックを時計回りに90°回転させます．

### ⑶　二酸化窒素の集気

①　生成用シリンジ内で発生させた二酸化窒素を，集気用シリンジ内に半分程注入します（図2）．

②　二方活栓コック①を閉じます．次に二方活栓コック②を閉じ，三方活栓コックを時計回りに90°回転させます．

③　パックテスト容器，生成用シリンジを外し，実験キットに入れておきます．次に，二酸化窒素の入った集気用シリンジをセル用ベースで自立させます．

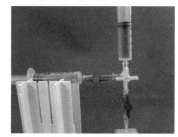

図2　集気用シリンジへ二酸化窒素を移す様子

### ⑷　圧力変化に伴う平衡移動実験

①　図3を用いて，ピストンを素早く押し，加圧に伴う二酸化窒素の平衡移動を観察します．

②　図3を用いて，ピストンを素早く引き，減圧に伴う二酸化窒素の平衡移動を観察します．

図3　実験⑷の実験器具の状態

### ⑸　温度変化に伴う平衡移動実験

①　二酸化窒素の入った集気用シリンジとミニ試験管を接続します．

②　三方活栓コックの側部に栓をし，二方活栓コック②を開いて，二酸化窒素を約1 mL注入します．注入の際，ミニ試験管の中の空気をシリンジ内に一度吸引してから二酸化窒素を注入します（図4）．

③　ミニ試験管を氷の入った50 mLビーカーに入れ，冷却に伴う二酸化窒素の平衡移動実験を観察します．

④　セラミックヒーターで沸騰させた水の中に，10秒間程度湯浴し，加熱に伴う二酸化窒素の平衡移動を観察します．

ステンレス製
注射針

図4　ミニ試験管への集気

### ⑹　二酸化窒素の回収

①　二酸化窒素の回収装置（ヤシ殻活性炭入）と二酸化窒素の入った集気用シリンジを接続します．

②　コックを開き，ゆっくりと中の二酸化窒素を注入し，回収します．注入後，再びコックを閉じて回収装置から取り外します．

### ⑺　廃液の回収

ろ紙を入れたろうとを廃液ボトルにさしこみます．生成用シリンジの中に残った廃液をろ紙に押し流し，ろ紙上に残った未反応の銅（顆粒）と廃液を分離します．

## ■実験結果

1.　実験方法⑷の①で，ピストンを押した瞬間，そして，その後の色の変化の様子について答えなさい．

| | 加圧した瞬間 | その後 |
|---|---|---|
| 加圧前の平衡状態との比較 | 褐色が濃く変化した | 褐色が少し薄くなった |

2.　実験方法⑷の②で，ピストンを引いた瞬間，そして，その後の色の変化の様子について答えなさい．

| | 減圧した瞬間 | その後 |
|---|---|---|
| 減圧前の平衡状態との比較 | 褐色が薄く変化した | 褐色が少し濃くなった |

3.　実験方法⑸の③及び④で，冷却後，加熱後の色の変化の様子について答えなさい．

| | 冷却後 | 加熱後 |
|---|---|---|
| 温度変化前の平衡状態との比較 | 褐色が薄く変化した | 褐色が濃く変化した |

## ■ 考 察

1. 実験結果 1，2 で，なぜ加圧（減圧）した瞬間，そして，その後に褐色の変化が見られたのか，化学反応式を用いて考察しなさい.

> $2NO_2 \leftrightarrows N_2O_4$
> ピストンを押した瞬間は気体が濃縮されて褐色が濃く変化するが，圧力が増加するため，その後は気体分子の総数が減る方向（化学反応式の右向き）へ平衡が移動し，無色の四酸化二窒素が増加することで褐色が薄く変化した. また，ピストンを引いた瞬間は気体が膨張するため褐色が薄く変化するが，圧力が減少するため，その後は気体分子の総数が増える方向（化学反応式の左向き）へ平衡が移動し，褐色の二酸化窒素が増加することで褐色が濃く変化した.

2. 実験結果 3 で，なぜ冷却（加熱）前後で褐色の変化が見られたのか，化学反応式及び反応におけるエンタルピー変化 $\Delta H$ を用いて考察しなさい.

> $2NO_2（気） \leftrightarrows N_2O_4（気）\qquad \Delta H = -57\,kJ$
> 加熱に伴って，二酸化窒素が生成する向き（吸熱反応の向き）に反応が進むため，褐色が濃く変化した. また，冷却に伴って，四酸化二窒素が生成する向き（発熱反応の向き）に反応が進むため，褐色が薄く変化した.

## ■ 解 説

以下の URL または QR コードより，本実験動画が閲覧できます. また，各実験方法についての再生開始位置（時間）を表 1 に示します.

【本実験動画】
https://youtu.be/tiGNDfUD9RI

表 1　各実験方法の再生開始位置

| 実験方法 | 再生開始位置（時間） |
|---|---|
| (1) 実験器具の組み立て | 0:24 ～ 0:44 |
| (2) 二酸化窒素の生成 | 0:08 ～ 0:22<br>0:45 ～ 1:12 |
| (3) 二酸化窒素の集気 | 1:13 ～ 2:31 |
| (4) 圧力変化に伴う<br>平衡移動実験 | 2:32 ～ 2:58 |
| (5) 温度変化に伴う<br>平衡移動実験 | 2:59 ～ 4:53 |
| (6) 二酸化窒素の回収 | 4:54 ～ 6:04 |
| (7) 廃液の回収 | 6:05 ～ 6:32 |

化学平衡の移動に伴う二酸化窒素による褐色の変化は小さく，また一瞬であり確認することは容易ではありません．また，二酸化窒素は有毒な気体であり，ドラフト等の排気設備が必要となることや二酸化窒素の発生に用いる濃硝酸が劇物であること等の問題もあります．さらに，二酸化窒素を用いた化学平衡の移動実験には，加圧の際の断熱圧縮による温度変化[1]や冷却による二酸化窒素の液相の存在等の問題[2]もあげられています．そのため，学校現場で化学平衡の移動の前後を明瞭に示すことは難しいといえます．しかし，これらの問題点を考慮しても，なお教科書等で従来の方法のままこの平衡系が大きく取り上げられているのは，この実験が二酸化窒素による褐色の濃度変化から視覚的に平衡の移動した向きを考察でき，それを基にルシャトリエの原理を確認することができる教材だからです．

また，先ほど述べたように，従来の実験方法では個別実験化することは難しく，学校現場ではドラフト等の設備面の課題もあります．さらに，通常スケールのシリンジ（特にガラス製シリンジ）では大きな力が必要[3]であることや，破損の恐れがあるため，生徒自身での加圧・減圧の操作は容易ではありません．そのため，本実験ではマイクロスケール実験による方法[4,5]を推奨しています．

圧力変化に伴う化学平衡の移動実験では，加圧直後は二酸化窒素の密度の増加と断熱圧縮による温度上昇に伴って褐色が濃く変化しますが，その後すぐに変化が緩和され，四酸化二窒素が生成する向き（考察1の化学反応式の右向き）に反応が進むため，褐色が薄くなります（図5）．また，減圧直後は二酸化窒素の密度の減少と断熱膨張に伴って褐色が薄く変化しますが，その後すぐに変化が緩和され，二酸化窒素が生成する向き（考察1の化学反応式の左向き）に反応が進むため，褐色が濃くなります（図5）．この反応による色の変化は瞬間的であり，色の違いを確認するためには何度も加圧・減圧の操作を繰り返し行う必要があります．また，観察時

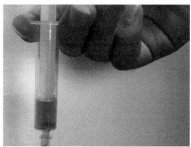
(a) 加圧に伴う平衡移動実験の様子

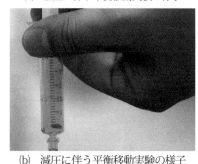
(b) 減圧に伴う平衡移動実験の様子
図5 二酸化窒素の圧力変化に伴う褐色の違い

に白色の背景を用いたり，褐色の微妙な変化を捉えるための色見本を活用したりするとよいでしょう（図6）．本実験はぜひ自身の手と目で確認してほしい実験教材です．

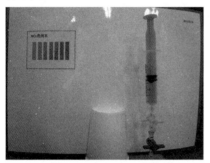

図6　白色背景と褐色の色見本

温度変化に伴う化学平衡の移動実験では，加熱に伴って，二酸化窒素が生成する向き（考察2の化学反応式の吸熱反応の向き）に反応が進み，褐色が濃く変化します．また冷却に伴って，四酸化二窒素が生成する向き（考察2の化学反応式の発熱反応の向き）に反応が進み，褐色が薄く変化します．どちらの変化も10秒程で顕著に表れます（図7）．

(a) 加熱後　(b) 温度変化前　(c) 冷却後

図7　二酸化窒素の濃度変化に伴う褐色の違い

前述したドラフト等の課題については，ヤシ殻活性炭を用いた吸着処理方法[6]を採用することで，実験室の設備や実施形態における制限を受けません（図8）．

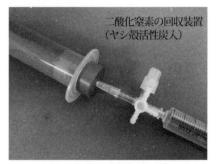

図8　二酸化窒素の回収

さらに，銅 0.04 g，濃硝酸 0.2 mLと必要最小限の試薬で実験を行うため，通常スケールで実施した際の約13分の1の廃液量[5]に抑えられます（図9）．発生させる二酸化窒素の量についても通常スケールの約5分の1で，安全面に関しても配慮されているといえます[5]．

図9　廃液の回収

最後に，この実験で大切なことは，化学平衡に影響を与える外的要因（圧力

や温度変化)を,実際に自身の手で操作し,その変化を観察できるまで繰り返し試行する点です.これによって,条件変化の影響と化学反応の関係性を結びつけやすくなり,より実感の伴った理解へとつながっていきます.

## 引用文献

1 ) 下田義夫・高江洲澄・富岡康夫:「注射筒中の二酸化窒素の挙動 ― 二酸化窒素の圧力による平衡移動の実験によせて ―」,化学と教育,36号,618-621,1988

2 ) Tesaki, M.・Koga, N.・Furukawa, Y.:『The Chemical Equilibrium between Nitrogen Dioxide and Dinitrogen Tetroxide. An Introductory Experiment in Chemical Thermodynamics.』,The Chemical Educator, 12(4), 248-252, 2007

3 ) 栗岡誠司:「二酸化窒素と四酸化二窒素の圧力による平衡移動の観察道具の提案」,化学と教育,8号,574,1999

4 ) 芝原寛泰・佐藤美子:『マイクロスケール実験 ― 環境にやさしい理科実験 ―』,オーム社,2-22, 2011

5 ) 中野源大・芝原寛泰:「高等学校化学における二酸化窒素を用いた化学平衡の移動実験 ― マイクロスケール実験による教材開発及び授業実践 ―」,理科教育学研究,Vol.54, 393-401, 2014

6 ) Obendrauf, V.:『Proceedings of the 19th International Conference on Chemical Education』, 5. 2006

## 2.4　身近な現象や物質の性質を探る

# 1 だ液によるデンプンの変化

【単元】　中学校第 2 学年「生物の体のつくりとはたらき」

【実験のねらい】

　デンプンは，だ液のはたらきによって何に変わるのか，だ液をデンプンに加えたものだけでなく，だ液のかわりに水を入れた対照実験も交えて，デンプンが麦芽糖などに変化することを調べます．

---

### 準備物

【器具】マイクロチューブ（1.5 mL），綿棒，ベネジクト反応用加熱器具

【試薬】0.5 ％デンプン溶液，ヨウ素液，蒸留水，ベネジクト液（あるいは麦芽糖試験紙）

---

**実験方法** (実験時間　(1)：約 30 分，(2)：約 20 分)

**(1)　ベネジクト反応を行う場合[1,2]**

① 　マイクロチューブ内にデンプン溶液を 0.5 mL ずつ入れます．マイクロチューブのふたに，A・A′，B・B′ とマーキングをします．

② 　綿棒を半分に折り，1 本は口に含んでだ液をしみこませます．1 本は蒸留水をしみこませます．

③ 　綿棒の先端を切りとり，A・A′ にはだ液をしみこませたもの，B・B′ には蒸留水をしみこませたものを，それぞれのマイクロチューブに挿入します（図 1）.

④ 　マイクロチューブを手で握り，5 分間あたためます．

⑤ 　マイクロチューブ A，B にヨウ素液を 1, 2 滴加え，色の変化を確認します．

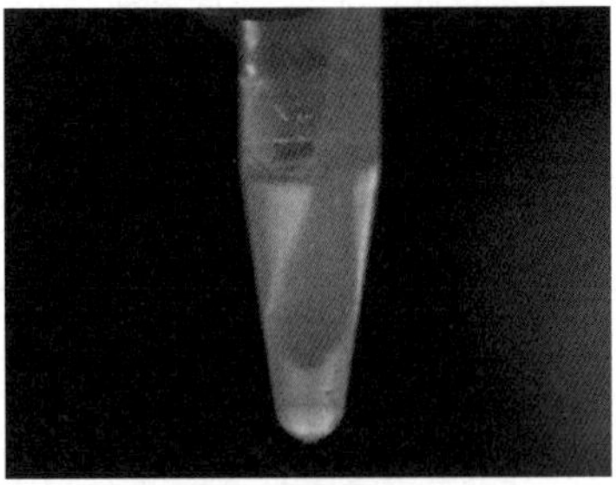

図 1　綿棒を挿入

⑥　マイクロチューブ A′，B′ を輪ゴム等でまとめ，IH ヒーターや電気鍋で80 ℃程度に加熱した湯の中に入れ，色の変化を確認します（図 2，3）．

図 2　IH ヒーターで加熱中

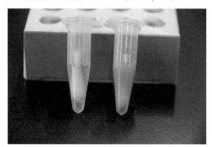

図 3　加熱後の様子

## ⑵　麦芽糖試験紙を用いる場合 [3]

①　マイクロチューブ内にデンプン溶液を 0.5 mL ずつ入れます．マイクロチューブのふたに，A・B とマーキングをします．

②　綿棒の片側を口に含んでだ液をしみこませます．

③　綿棒のだ液をしみこませた側の先端を切り取り，A のマイクロチューブに挿入します．残った綿棒の片側に蒸留水をしみこませ，A と同様，先端を切り取り B のマイクチューブに挿入します．

④　マイクロチューブを手で握り，5 分間あたためます（図 4）．

⑤　マイクロチューブ A，B のデンプン溶液を新しく用意した綿棒にそれぞれしみこませ，麦芽糖試験紙の両端にこすりつけます．1 分ほど置いてから色の変化を確認します（図 5）．

⑥　マイクロチューブ A，B にヨウ素液を 1，2 滴加え，色の変化を確認します．

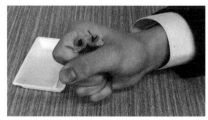

図 4　手であたためる

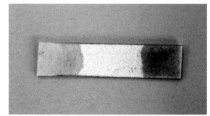

図 5　右側がだ液，左側が蒸留水による

# 実験結果

## (1)　ベネジクト反応を行う場合

マイクロチューブ内の色の変化を書きなさい.

|  | だ液を入れた | 蒸留水を入れた |
|---|---|---|
| ヨウ素液の反応 | A　変化しなかった | B　青紫色に変化した |
| ベネジクト液の反応 | A′　赤褐色に変化した | B′　変化しなかった |

## (2)　麦芽糖試験紙を用いる場合

1.　麦芽糖試験紙の色の変化を書きなさい.

| だ液を入れた | 蒸留水を入れた |
|---|---|
| A　紫色に変化した | B　変化しなかった |

2.　ヨウ素液の反応 (色の変化) を書きなさい.

| だ液を入れた | 蒸留水を入れた |
|---|---|
| A　変化しなかった | B　青紫色に変化した |

# 考　察

1.　だ液を入れたものだけでなく, 蒸留水でも実験を行った理由を説明しなさい.

だ液を蒸留水に置き換えた以外の条件は同一の対照実験を行うことで, だ液のはたらきによって今回の実験結果が得られたことが確認できるため.

2.　マイクロチューブを手で握ってあたためた理由を説明しなさい.

消化酵素は体内で反応するので, 体温と同じ状態にあたためることで酵素の反応が活性化するため.

3.　実験結果からどのようなことがいえるか説明しなさい.

実験結果から, デンプンはだ液のはたらきによって少なくとも麦芽糖に分解されたと考えられる.

# ■ 解 説

　現行の小中学校の教科書[4,5]でも取り上げられ，一般的になりつつあるマイクロチューブを用いただ液による消化実験です．

　マイクロチューブは，色々と優れた面がありますが，以下の点が特にあげられます（図6）.

1. キャップがついていて，栓をすると液漏れせず，表面に書きこみができる.
2. プラスチック製であるが，$-80$ ℃〜$121$ ℃の範囲で使用可能.
3. 目盛りがついている.

図6　1.5 mL マイクロチューブ

　マイクロチューブを用いることで，班単位でだ液の提供者を決めることが容易で，個別実験で自分のだ液で実験することが可能になりました．新型コロナウイルス感染症対策にも有効です．

　さらに，実施方法を工夫することで理科室でなく普通教室でも実施可能なものになりました．実験方法(1)として取り上げたベネジクト反応は，沸騰石を入れてガスバーナーで加熱するイメージがありましたが，実際は 80 ℃ほどの湯浴で十分反応します．よって，安価に入手可能な電気鍋や，小型の IH ヒーターで火気を用いることなく，ベネジクト反応が可能となります．投入して数十秒でベネジクト反応がはじまり，色の変化を生徒たちが目のあたりにできるので，数回に分けて生徒たちのマイクロチューブを加熱するとよいと思います．

　実験方法(2)として麦芽糖試験紙を用いた方法は，より普通教室での実験に特化した方法となります．加熱器具も不要で，糖の検出とデンプンの検出を本来の方法と逆にすることで，マイクロチューブの本数も削減できます．しかし，別でベネジクト反応の説明，演示は必要になってくると考えます．

　実験の注意点ですが，ベネジクト反応を行う場合は，マイクロチューブのキャップをきちんと閉めてください．キャップが不十分だと，加熱時にキャップが開いてしまいます．「キャップロック」というふたを押さえつけるプラスチック器具も市販されています．

　過去に手であたためるだけで本当に酵素反応がおこるか否かという質問を受けたことがあります．もちろんしっかり握ることを指示することは当然ですが，考察の2は，手で握っているタイミングで問うようにしています．おのずとしっかり握ってくれるようになります．

107 名対象に実験を行って 106 名が実験を無事成功させることができた実績もあります．手が冷たい子がいたとしてもほぼ問題ないと考えます．

　この実験でベネジクト反応をさせると，蒸留水の場合も赤褐色に変化してしまうという相談を受けたこともあります．私の経験では，可溶性デンプンでデンプン溶液を作成した場合におこり得ます．この実験を行う際は，片栗粉を水に溶かしてその上澄み液を使うようにしています．

## 引用文献

1 ）谷﨑雄一：「第2分野におけるマイクロスケール実験の実践」，理科教室，51巻，7号，47-49，2008

2 ）谷﨑雄一：「マイクロスケール実験におけるマイクロチューブの活用―中学校理科「だ液のデンプン消化」実験を通して―」，日本理科教育学会全国大会発表論文集，13号，89，2015

3 ）鈴木隆・武田千春・岡田喜志子：「麦芽糖試験紙の開発―唾液の働きを調べる新しい実験方法―」，遺伝，46巻，7号，89-92，1992
　（麦芽糖試験紙は，麦芽糖を検出すると，酵素反応により滴下後数十秒で，紫色に変色する試験紙です．詳しくは
https://www.t-bunkyo.ac.jp/cooperation/seika/bakuga/）

4 ）啓林館：『わくわく理科6』，27-28，2020

5 ）教育出版：『自然の探究中学理科2』，124-126，2021

## 2.4 身近な現象や物質の性質を探る

## 2 ブレッドボードを使った導通テストキット

【単元】 小学校第 6 学年「電気のとおりみち」,
中学校第 3 学年「水溶液とイオン」

【実験のねらい】

　固体や液体の電気伝導性を簡単な小型回路を使って調べます．マイクロスケール化と時間短縮のために，ブレッドボードにいくつかの回路素子を半田づけしないで組みこみ，試行錯誤しながら回路を組立てる時間を確保します．作製した「導通テストキット」を用いて「電気を通すもの」,「電気を通さないもの」を区別することができます[1~4].

| 準備物 |
| --- |

【器具】(1)　ボタン電池，ボタン電池ボックス，LED（3 V），スイッチ，
ジャンパーケーブル（2 本），電気抵抗（220 Ω），
(2), (3)　10 穴呈色板，洗浄用ビーカー（蒸留水入り）

【調べるもの】
(2)　1 円硬貨，空き缶，金色の折り紙（金紙），銀色の折り紙（銀紙），プラスチック，アラザン，ゴム，木，くぎ，シャープペンシルの芯
(3)　蒸留水，食塩（固体と水溶液），砂糖（固体と水溶液），うすい塩酸，うすい水酸化ナトリウム水溶液，塩化銅（Ⅱ）水溶液，エタノールと水の混合物，ポカリスエット，レモン水

## ■実験方法 (実験時間約 40 分，キットの組立て約 20 分を含む)

### (1)　導通テストキットのつくり方

① 準備した部品を用いて，図 1 の回路図と完成品 (図 2) を参考に組立てます.

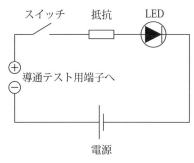

図 1　導通テストキットの回路　　　図 2　ブレッドボード上の部品の配置

② ボタン電池ボックスにボタン電池を入れます. プラスを上向き，マイナスを下向きに入れます.

③ LED は，端子のプラス・マイナスに注意しながらさしこみます.

④ スイッチは，中央の足が共通で，両端の足のどちらかにつながるように配線します.

⑤ 導通テスト用端子には，長い 2 本のジャンパーケーブルを使います.

⑥ 電気抵抗の端子の両端は必要に応じて，直角に曲げます.

### (2)　固体の電気伝導性

① 実験の前に結果を予想します.

呈色板に並べた 10 種類 (図 3) の調べるものについて，「電気を通すもの」には〇，「電気を通さないもの」には×を，ワークシートに書きます.

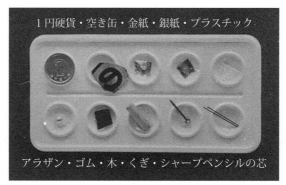

図3　呈色板上の固体試料

② 「導通テストキット」を使って調べます.

　まず2本のジャンパーケーブルの先を接触させ，LED が光ることを確かめます.

③ 2本のジャンパーケーブルの先を，調べるものにあてます.

　このとき，ジャンパーケーブルの先どうしがさわらないように注意します.

### ⑶ 溶液の電気伝導性

① 実験の前に結果を予想します.

　呈色板に並べた10種類の調べるものについて，「電気を通すもの」には○，「電気を通さないもの」には×を，ワークシートに書きます. 食塩と砂糖では，固体と水溶液に分けて予想します. 10番目には調べたい溶液 (X) を準備します (図4).

② 「導通テストキット」を使って調べます. 使い方は，固体の電気伝導性の実験の場合と同じですが，溶液につけたジャンパーケーブルの先は，水でよく洗っておきます. 食塩と砂糖については，固体と溶液の場合について調べます. まず固体の状態で調べます. その後，少しの水を入れ，周囲の溶液にジャンパーケーブルの先をつけて確かめます.

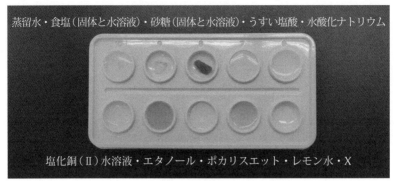

蒸留水・食塩（固体と水溶液）・砂糖（固体と水溶液）・うすい塩酸・水酸化ナトリウム

塩化銅（Ⅱ）水溶液・エタノール・ポカリスエット・レモン水・X

図 4　呈色板上の溶液などの試料

## ■ 実験結果と考察

1. 実験(2)についてまとめなさい．電気を通すものに〇，通さないものに×と書きなさい．

| 調べるもの | 予想（〇か×） | 結果（〇か×） |
|---|---|---|
| 1 円硬貨 | 〇 | 〇 |
| 空き缶 | 〇 | × |
| 金紙 | 〇 | × |
| 銀紙 | 〇 | 〇 |
| プラスチック | × | × |
| アラザン※ | × | 〇 |
| ゴム | × | × |
| 木 | × | × |
| くぎ | 〇 | 〇 |
| シャープペンシルの芯 | × | 〇 |

※アラザン：製菓材料でケーキなどのトッピングに使われています．砂糖とデンプンからつくられた粒子状で，表面が食用銀箔で覆われています．

2. 実験(3)についてまとめなさい. 電気を通すものに○, 通さないものに×と
書きなさい.

| 調べるもの | 予想（○か×） | 結果（○か×） |
|---|---|---|
| 蒸留水 | × | × |
| 食塩（固体・水溶液） | （×・○） | （×・○） |
| 砂糖（固体・水溶液） | （×・○） | （×・×） |
| うすい塩酸 | ○ | ○ |
| うすい水酸化ナトリウム水溶液 | ○ | ○ |
| エタノールと水の混合物 | ○ | × |
| 塩化銅（Ⅱ）水溶液 | ○ | ○ |
| ポカリスエット | ○ | ○ |
| レモン水 | ○ | ○ |

## ■考 察

1. 実験(2)について予想と結果が異なった場合について, その理由を考察しな
さい.

> 金属の性質をもつ場合は電気を通すと考えた.
> 空き缶や金紙は金属でないものが表面についていると考えられる.
> アラザンやシャープペンシルの芯は, 予想に反して金属の性質をもっている.

2. 実験(3)について予想と結果が異なった場合について, その理由を考察しな
さい.

> 溶液の中で, イオンの状態になっているものがあれば電気を通すと考えた.
> 砂糖を水に溶かしても, イオンの状態になっていないことがわかる. このこ
> とより食塩が水に溶けた場合とは異なることがわかった.
> エタノールと水の混合物はイオンの状態になっていないと考えられる.

# 解 説

電気伝導性を簡単な方法で確かめる実験ですが，予想に反して意外な結果がでる材料を選ぶと，児童・生徒の興味・関心を喚起して，発展的な学習につながります．

本実験では，呈色板に調べたいものをのせています．固体試料はホットボンドなどで固定すると便利です．

実験(2)では，金属の性質をもつ場合は電気を通すと考えますが，予想が難しい場合もあります．例えば「アラザン」はケーキなどの洋菓子の装飾に用いられます．つくり方は，砂糖とデンプンを混ぜてから粒状にして，食用銀粉を付着させます．表面が銀白色の光沢を示します．銀は食品添加物の着色料として用いることが認められています．他に「仁丹」(生薬を配合して銀箔で包んだもの)などが知られています．

銀色の折り紙は，紙にうすいアルミニウムがコーティングされているため，表面は金属と同じ性質を示します．しかし金色の折り紙には，金箔などは使われていません．黄色の塗料をアルミニウム箔にうすく塗ったり，黄色のセロハンを貼ったりと製品により様々で，いずれも表面は金属ではないため電気を通しません．

空き缶は，そのまま調べると，表面に塗料などがコーティングされているため，電気を通すことはありません．図5の右側のように，表面を紙やすりなどでこす

図5　空き缶の表面

ると，コーティングがはがれ，電気を通すようになります．ステンレス缶でも同じ結果ですが，はがす前に磁石を使って調べるとくっつきます．アルミニウム缶とステンレス缶との比較など，電気伝導性と磁性について調べるとさらに興味がわきます．

実験(3)は，「イオンの概念」を獲得する上でも重要です．食塩と砂糖は，固体状態では，電気を通しませんが，水に溶かすと異なる結果となります．この違いについて実験を通して理解させるため，文章化，あるいはモデルで表現することも有効です．

砂糖は分子の集合した状態で水に溶けても，イオンに分かれることはなく，固体の場合と同様に電気伝導性を示しません．図6は，食塩と砂糖の水溶液の状態をイメージしたモデル図です．

ポカリスエットのようなスポーツドリンクも電解質を多く含んでいますが，ボトルに表示の成分表を参考に考察することもできます．

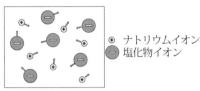

⊕ ナトリウムイオン
⊖ 塩化物イオン

(a) 食塩水

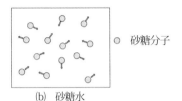

◎ 砂糖分子

(b) 砂糖水

図6 水溶液のモデル図

自分で調べたい試料を準備して実験ができるように，呈色板の1ヶ所を使います．事前に少量でよいので準備をします．

本実験では作製した「導通テストキット」を用いています．導通テストキットの作製では，ブレッドボードの上に，ボタン電池 (3 V)，LED，電気抵抗，スイッチを配置しています．ブレッドボードは，半田づけすることなく，穴に部品の端子をさしこむだけで，簡単に回路を組立てることができます．なお，回路には電気抵抗 (220 Ω) を入れていますが，LED に過剰の電流が流れて破損することを防ぐためで，回路中に入れておくと安全です．

基本的な回路部品の取扱い方や回路のつくり方も同時に学習することができますが，回路の学習に重点をおく場合の例として，事前にホワイトボードなど

で，回路の組立てをイメージさせると，より組立てが円滑に進みます．図7は，事前にホワイトボード上で，各部品を示すマグネットを使って回路の配置を考えているところです．

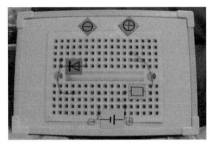

図7 ホワイトボードで配線

ブレッドボードを用いた導通テストキットを使わなくても，「導通チェック」は可能です．図8は，ボタン電池と LED だけを用いた簡単のキットです．LED の点滅を活かして「ひかる君」と命名しています．ミノムシクリップの先に曲げたゼムクリップをつけ，調べたいものに接触させ LED の点灯を確認します．

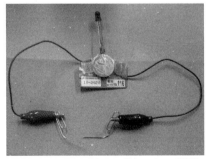

図8 LED とボタン電池による導通
テスト器具「ひかる君」

## 引用文献

1 ）佐藤美子・芝原寛泰：「呈色板を用いたマイクロスケール実験の教材開発（Ⅲ）―小学校・中学校理科の「電気の流れ方」を例に―」，日本理科教育学会全国大会発表論文集，73，2016

2 ）深瀬友昭ら11名・佐藤美子：「導通テストキットの教材化と実践および素朴概念の調査―呈色板を用いたマイクロスケール実験の教材開発（Ⅴ）―」，日本理科教育学会近畿支部大会発表論文集，98，2016

3 ）佐藤美子：「導通実験の教材開発と概念調査―マイクロスケール実験の個別実験による主体的な学習に向けて―」，日本理科教育学会全国大会発表論文集，108，2018

4 ）佐藤美子：「ブレッドボードを活用した教材実験の理科教育への応用―マイクロスケール実験による個別実験に向けて―」，四天王寺大学紀要，第68号，109-122，2019

## 2.4 身近な現象や物質の性質を探る

# 3 銅アンモニアレーヨン再生実験

**【単元】** 高等学校化学基礎「化学反応・酸化と還元」など

**【実験のねらい】**

　身近な材料から銅アンモニアレーヨンをマイクロスケール実験でつくります．セルロースを含む脱脂綿を用いて再生繊維をつくります [1,2]．

## 準備物

**【器具】** プラスチック容器(プッシュバイアルびん)，マグネティックスターラー，プラスチック製シリンジ，マイクロピペットチップ

**【試薬】** 硫酸銅(Ⅱ)五水和物，濃アンモニア水(28 %)，2 mol/L 水酸化ナトリウム水溶液，2 mol/L 希硫酸，脱脂綿

## ■ 実験方法 (実験時間約 25 分)

① 　濃アンモニア水 1.9 mL に硫酸銅(Ⅱ)五水和物 0.19 g を溶かした後，2 mol/L 水酸化ナトリウム水溶液 0.75 mL を加え，シュワイツァー試薬を調製します．

② 　シュワイツァー試薬を入れた容器に，細かくした脱脂綿を少しずつ加え，完全に溶かします．

③ 　シリンジにマイクロピペットチップを取りつけ，②でつくった溶液を吸入します．

④ 　側面に穴をあけたプラスチック容器に希硫酸を入れ，マグネティックスターラーで撹拌します．

⑤ 　プラスチック容器の側面の穴から，③で準備したシリンジの溶液を希硫酸にゆっくりと押し出します．

⑥ 　繊維が青色から白色に変色すれば，蒸留水を入れたプラスチック容器に移して水洗いを繰り返します．繊維を回収して乾燥させます．図 1 に実験に用いた器具の一覧を示します．

図1 実験器具の一覧

## ■実験結果

シリンジを使って希硫酸中に入れたときの様子について書きなさい.

脱脂綿を溶かした溶液を,シリンジを使ってゆっくりと希硫酸の溶液に入れると,青色で細長い繊維状のものが,マグネティックスターラーの回転により円を描きながら出てきた(図2).
回転により絡み合うことはなかった.しばらくすると,青色から白色に変化した(図3).

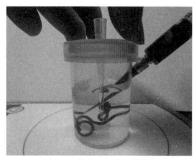

図2 青色の長い繊維

図3 水の中で白くなった繊維

## ■ 考 察

マイクロスケール実験により繊維を再生する実験で，工夫した点をまとめなさい．

---

実験のマイクロスケール化により，用いた試薬（硫酸銅（Ⅱ）五水和物，水酸化ナトリウム水溶液，希硫酸，濃アンモニア水）の量は，通常スケールの実験と比較して 20 ％ほど削減することができた．

希硫酸を入れたプラスチック容器にふたをして，回転により溶液が飛びちらないようにした．

シリンジの先にマイクロピペット用チップを接着剤で固定したこと，またプラスチック容器の側面からシリンジを入れることにより，安全に細く押し出すことができた．

プラスチック容器のふたには，マイクロピペットチップを垂直にさしこみ，繊維がこれを中心に回転できるようにした（図2）．

---

## ■ 解 説

繊維は，大きくは天然繊維と化学繊維に分類できます．天然繊維はさらに植物繊維と動物繊維に，また化学繊維は，合成繊維と再生繊維および半合成繊維に分けられます．再生繊維は，天然繊維の代用品として開発されました．キュプラとも呼ばれる銅アンモニアレーヨンは再生繊維に位置づけられ，すぐれた吸放水性と生分解性を備えています．

本実験は，①シュワイツァー試薬の調製，②セルロースの溶解，③セルロースの再生，④セルロースの回収・乾燥の4段階から構成されています．用いる試薬として硫酸銅（Ⅱ），濃アンモニア水，水酸化ナトリウムがあり，いずれも取扱いや操作中の刺激臭には注意が必要です．

シュワイツァー試薬は，硫酸銅（Ⅱ）五水和物，濃アンモニア水，水酸化ナトリウムを用いて調製しますが，以下の反応式で示すことができます．濃い青色を示し，セルロースを溶かすと粘性の高い溶液になります．

$$Cu^{2+} + 2OH^- \longrightarrow Cu(OH)_2$$

$$Cu(OH)_2 + 4NH_3 \longrightarrow [Cu(NH_3)_4]^{2+} + 2OH^-$$

103

$$\rightarrow \left[ \begin{array}{c} \text{CH}_2\text{-OH} \\ \delta^- \\ \delta^- \\ O \end{array} \text{O} \begin{array}{c} \text{CH}_2\text{-OH} \\ \delta^- \\ \delta^- O \end{array} O \right]_n + 2n\,\text{H}_2\text{O}$$

シュワイツァー試薬の調製では，ポリエチレン製袋等を用いると，試薬類を生徒が手に触れる可能性がほぼなくなり，安全性が向上します[3,4]．セルロースの溶解の際にも，ポリエチレン製袋で密閉して行うと便利です．セルロースを含む身近なものとして脱脂綿を用いましたが，細かくちぎったティッシュペーパーを用いることもできます．

再生した長い繊維を寸断することなく長い状態で回収する工夫が必要です．本実験では，[考察]に述べているように，シリンジの先にマイクロピペットチップを固定すること（図4），マグネスティックスターラーで回転させることで，繊維がからまないようにしています．このとき，プラスチック容器のふたには，マイクロピペットチップを垂直にさしこみ，繊維がこれを中心に回転できるようにしています（図5）．約45 cmの繊維が安定して取り出すことができました．

今井は，ストローと96セルプレートを活用して巻取り器を自作しました[3,4]．Stephen Thompson の著書『CHEMTREK』に紹介されている方法を参考に，ストローの先端を2つに

裂き，片方を切り取り，他方をストローの穴にさしこむことにより，輪をつくり別のストローをさしこみます．完成した巻取り器により，図6のように繊維をゆっくりと回転しながら回収します．その後，ストローを立てかけて乾燥させ，サンプルチューブに入れ，保管します．

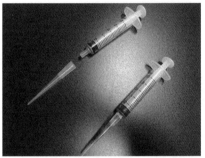

図4　マイクロピペットチップをつけたシリンジ

図5　繊維がからまないように工夫したプラスチック容器

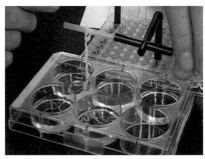

図6　巻取り器

## 引用文献

1 ）京都府立嵯峨野高等学校　京都コス
モス科スーパーサイエンスラボ（乙
井楓子，齋藤未奈，松本茉莉，山田
楓）・坂本弘樹・芝原寛泰：「銅アン
モニアレーヨン再生実験のマイクロ
スケール化（Ⅱ）」，日本理科教育学会
近畿支部大会，2014，
同：「銅アンモニアレーヨン再生実験
のマイクロスケール化（Ⅲ）」，日本理
科教育学会全国大会，2015

2 ）京都府立嵯峨野高等学校京都コスモ
ス科スーパーサイエンスラボ（上田
将大，中西裕也，安本萌乃）・坂本弘
樹・芝原寛泰：「銅アンモニアレーヨ
ン再生実験のマイクロスケール化」，
日本理科教育学会近畿支部大会，
2013

3 ）今井駿：「高等学校化学における銅
アンモニアレーヨンとナイロン66の
教材開発及び授業実践―マイクロス
ケール実験を用いた実生活と関連す
る教材を目指して―」，京都教育大
学大学院修士論文，2013

4 ）今井駿・芝原寛泰：「マイクロスケー
ル実験による身近な材料を用いた銅
アンモニアレーヨンの合成―実験操
作の簡略化と安全性を目指して―」，
日本理科教育学会全国大会，2012

## 参考文献

□ Stephen, Tompson：
『CHEMTREK』，（Small-Scale
Experiments for General
Chemistry）Prentice-Hall，1990

□ 妻木貴雄：「生徒ひとりひとりが行う
ナイロンの界面重合」，化学と教育，
40巻，4号，219，1992

□ 近藤浩文：「繊維の実験のマイクロス
ケール化の工夫―観察・実験を通じた
科学的思考力の育成を目指して―」，
北海道立理科教育センター研究紀要，
19号，48-49，2007

□ 西原恵子ら：「化学実験の工夫―臭い
を抑えた銅アンモニアレーヨンの合
成―」，長野工業高等専門学校紀要，
第38号，149-150，2004

## 2.4　身近な現象や物質の性質を探る

# 4 スマホとルーペを活用したレンズのはたらき

【単元】　中学校第 1 学年「レンズのはたらき」，
　　　　　高等学校物理「光の伝わり方」

【実験のねらい】

　凸レンズによる実像・虚像や倍率についての実験を行い，焦点と光の進路の規則性を明らかにします．

### 準備物

【器具】スマートフォン（タブレット），ルーペ，スクリーン（画用紙など），
　　　　メジャー

## ■実験方法（実験時間約 25 分）

① 　メジャーを机の上に固定し，スマートフォン，レンズ，スクリーンを一直線上に並べます（図 1）．
② 　スマートフォンの画面に，上下左右非対称の図形を表示し明るさを最大にします（図 2）．文字ではアルファベットの「F」や，数字の「4」などがよいでしょう．これが，スクリーンに映す元となる「物体」となります．

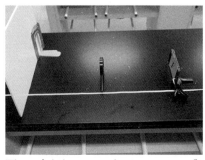

図 1　右から，スマートフォン，レンズ，
　　　スクリーン

図 2　上下左右非対称の文字や図を表示

## (1) 物体を左右同じ位置におく

③ レンズの位置を固定し，スマートフォン（物体）とスクリーンを動かして，スクリーンにはっきりと像を映します．このとき，レンズを中央に置いて，左右のレンズとスマートフォン，スクリーンまでの距離が等しくなる位置を調べます（図3）．

図3 スクリーンに映った像

④ このときのレンズから物体（レンズからスクリーン）までの距離は，このレンズの焦点距離 $f$ の2倍になります（図4）．

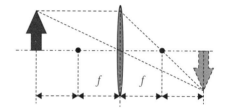

図4 焦点距離 $f$ の2倍の位置にスクリーンと物体がある場合

## (2) 物体を遠ざける

⑤ 次に物体をレンズから遠ざけます．スクリーンを動かしてはっきりと像を映し，像の大きさを調べます．このとき，像の大きさは物体より小さくなります（図5）．

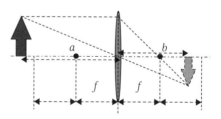

図5 物体を遠ざけたとき

⑥ このときのレンズから物体までの距離 $a$ に対する，像までの距離 $b$ の割合 $b/a$ が「倍率」です．倍率は1より小さくなります．

## ⑶　物体を近づける

⑦　今度は物体を最初の位置よりレンズに近づけます．スクリーンを動かしてはっきりと像を映し，像の大きさを調べます（図 6）．像の大きさは物体より大きくなります．倍率は 1 より大きくなります．

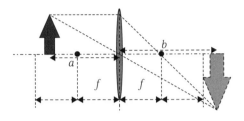

図 6　物体を近づけたとき

## ⑷　物体を焦点より内側におく

⑧　物体を焦点距離 $f$ の内側に置きます．このときレンズをのぞくと，レンズ越しに大きな像が見えます．

⑨　このとき，レンズから物体までの距離 $a$ に対する，像までの距離 $b$ の割合 $b/a$ が「倍率」になるので，倍率は 1 より大きくなります（図 7，8）．

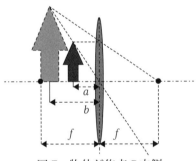

図 7　物体が焦点の内側

図 8　物体が焦点の内側にあるときの様子

## ■実験結果

1. 実験(1)～(3)について，レンズと物体の距離およびレンズと像の距離を書きなさい.

| | レンズ〜物体 $a$〔cm〕 | レンズ〜像 $b$〔cm〕 | $a$と$b$から倍率 $b/a$を求める | 像の大きさを測定して求めた倍率 |
|---|---|---|---|---|
| 実験(1) | 30 | 30 | 1.0 | 1.0 |
| 実験(2) | 34 | 27 | 0.8 | 0.8 |
| 実験(3) | 26 | 35 | 1.4 | 1.4 |

2. 実験(1)～(4)でできる像は，正立（物体と同じ向き）倒立（上下左右が逆）のどちらか書きなさい.

| | 実験(1) | 実験(2) | 実験(3) | 実験(4) |
|---|---|---|---|---|
| 像の向き | 倒立 | 倒立 | 倒立 | 正立 |

## ■考 察

実験(1)～(4)で物体の先端から出た光が進んだ道筋を図4～7にかきこみなさい.

図4～7に記入

## ■解 説

本実験は凸レンズに入射する光の進み方について①レンズの光軸に平行な光は焦点を通る，②レンズの中心を通る光は直進する，③焦点を通る光は光軸に平行に進む，性質を確かめます.

通常，大型のレールの上で，レンズや光源（物体），スクリーンを動かす「光学台」といわれる実験装置を使用す

るのが一般的です.

本実験では光源（物体）としてスマートフォン，メジャーを使用する方法を紹介します．スマートフォン以外はすべて100円ショップで購入できるため安価で，電源の配線不要，使用後はコンパクトにしまえる利点があります.

また，通常ロウソクや，ランプなどの

光源を使用して，スクリーンにその像を映しますが，スマートフォンの画面に表示できる文字や写真など，自分の好みの画像を使って実験ができます（図 9, 10, 11）.

図 9　地球儀を表示

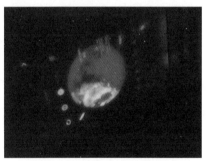

図 10　地球儀の倒立実像

図 11　地球儀の正立虚像

像の倍率と焦点距離の関係について，高等学校物理では写像公式を学習しますが，中学校数学の「相似な図形」の知識があれば，三角形の辺の比でも求めることができるので，余裕があれば，ぜひチャレンジさせてみたいものです.

**参考文献**

□ 数研出版：高等学校理科『改訂版物理』, 2017

## 2.5　電気分解・電池の原理を実感する

# ① タレびんを使った水の電気分解

【単元】　中学校第3学年「化学変化とイオン」，
　　　　　高等学校化学基礎「化学反応・酸化と還元」

【実験のねらい】

　水(水酸化ナトリウム水溶液)を電気分解し，陰極と陽極に生じる物質を確かめることで，水溶液中に存在するイオン(原子)の存在を確かめます．

---

### 準備物

【器具】タレびん(角小)，※パック容器専門店で入手できます．
　　　　マチ針，6P乾電池(9 V，USB電源等でも可)，6セルプレート，
　　　　ポリスポイト，導線，薬さじ，ろ紙，色紙等，マッチ(ライター)

【試薬】3％水酸化ナトリウム水溶液 15 mL

---

■ **実験方法** (実験時間約25分) ※試薬の濃度による

---

① 　セルプレートの1ヶ所にポリスポイトを使い，試薬を約8分目まで入れます．
② 　タレびん2本にそれぞれマチ針を刺し，輪ゴムでとめます(図1)．
③ 　タレびんを試薬で満たし，セルプレートの試薬の入ったセルプレートに逆さに置きます(図2)．このとき，液がこぼれないように，タレびんの角をもつようにします．
④ 　マチ針にミノムシクリップをつけます．
⑤ 　電源により直流電圧で，約10分間電気分解を行います(時間は使用する電源の電圧によります)．

図1　タレびんに針を刺す

図2　セルプレートにセット

111

⑥　電気分解後，気体の体積を比較し，気体の同定を行います．気体が逃げない
　　よう，キャップを閉めておきましょう．
⑦　気体の同定のために，
　　陽極：タレびんに火のついた線香を入れます（図3）．
　　陰極：タレびんの口にマッチの火を近づけます（図4）．
⑧　廃液は適切に処理してください．実験手順を図5に示します．

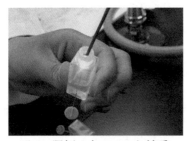

図3　陽極：火のついた線香
　　　　を入れる

図4　陰極：マッチ（ライター）
　　　　の火を近づける

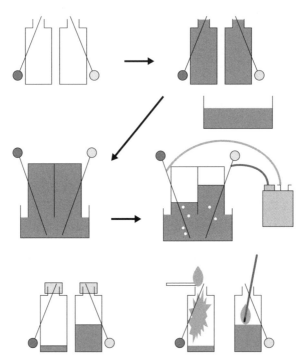

図5　実験手順を示す

## ■実験結果

1.　陽極と陰極に発生した気体の体積比を書きなさい．

> 陽極：陰極 ＝ 1 : 2

2.　陽極と陰極に発生した気体の特徴を観察した様子について書きなさい．

> 陽極：火のついた線香が空気中に比べ，激しく燃えた（図6）．
> 陰極：音を立てて気体が燃えた（図7）．
>
>
>
> 　　図6　線香が激しく燃える　　　　図7　気体が音を立てて燃える

## ■考　察

1.　陽極と陰極に発生した気体の特徴から，水が分解してできる物質を書きなさい．

> 陽極：気体に火のついた線香を入れると，線香が空気中より激しく燃える．
> 　　　→物質名〔　酸素　〕，化学式〔　$O_2$　〕
> 陰極：マッチの火を近づけると，気体が音を立てて燃える．
> 　　　→物質名〔　水素　〕，化学式〔　$H_2$　〕

2.　水の電気分解を物質名と化学反応式を用いて表しなさい．

> 　　　　　　　　　　　　陰極　　　　　　陽極
> 物質名〔　　水　　〕→〔　水素　〕＋〔　酸素　〕
> 化学式〔　$2H_2O$　〕→〔　$2H_2$　〕＋〔　$O_2$　〕

## 解 説

　教育用の電気分解実験装置として，H 型 (ホフマン型) ガラス管が有名ですが，樹脂製の水そう型などの簡易な装置や手法が普及しています.

　今回，タレびんを使い，マイクロスケーの手法を取り入れることで，試薬の削減，実験廃棄物の少量化，事故防止，時間短縮が期待できます. 何より少人数で実験を行えるなどメリットが大きいと思います.

　6 穴のセルプレートと，タレびんを使用することで，1 グループあたりの試薬を 15 mL と大幅に削減できます. 規模は小さくなりますが，集めた酸素に火のついた線香を入れると，激しく燃えることが充分確認できます. 水素にマッチの火を近づけると音を立てて燃える様子も確認できます.

　純粋な水は電気を通さないため，アルカリ性の水酸化ナトリウム水溶液を使用しますので，取扱いには充分注意が必要ですが，安全眼鏡，ポリ手袋を使うことで，皮膚への付着を防ぎ，安全を確保できます.

　実験の手順は前述したとおりですが，溶液の濃度や，使用する電源によって，電気分解に必要な時間は異なります.

　今回は水の電気分解について紹介しました.

$$2H_2O \rightarrow 2H_2 + O_2$$

試薬に塩酸を用いて応用することで，塩酸の電気分解を行うことも可能です. その場合，電極はマチ針ではなく，シャープペンシルの芯を使用します.

$$2HCl \rightarrow H_2 + Cl_2$$

　また，化学反応式から，発生する塩素と水素の体積比は，1：1ですが，実際には，塩素は水に溶けやすいため，タレびん内の気体が1：1にならないことも，気体の性質として，抑えておきたいポイントです.

　同じように塩化銅(II)水溶液の電気分解にも応用できます.

$$CuCl_2 \rightarrow Cu + Cl_2$$

　この場合，電極には炭素棒の代わりにシャープペンシルの芯を使います. 陰極には赤茶色の銅の固体が生成し，陽極からは刺激臭のする気体が発生します. においで塩素であることが確認できます.

### 参考文献

□ 文部科学省：『中学校理科学習指導要領』，2009

□ 東京書籍：中学校理科『新しい科学2年・3年』，2015

□ 啓林館：中学校理科『未来へ広がるサイエンス2・3』，2015

□ 荻野和子：「マイクロスケール化学実験で学校の授業を効果的にしよう」，数研出版，サイエンスネット，44号，2012

☐ 齋藤弘一郎:「マイクロスケールによる
塩酸・水の電気分解実験」, 理科教室
2月号, 日本標準, 70-73, 2014

☐ 肆矢浩一:「簡易型電解装置の製作と
水素の燃焼実験の教材化」, 42回東レ
理科教育賞, 2003

☐ 芝原寛泰・佐藤美子:『マイクロスケー
ル実験—環境にやさしい理科実験』,
オーム社, 2011

## 2.5　電気分解・電池の原理を実感する

# ② 呈色板を用いた 4 種類の電解質溶液の電気分解

【単元】　中学校第 3 学年「化学変化とイオン」，
　　　　　高等学校化学基礎「化学反応・酸化と還元」

【実験のねらい】

　呈色板を用いて 4 種類の電解質溶液の電気分解を行います．電極付近の観察や生成物の確認により，外部からの電気エネルギーによりどのような酸化還元反応がおこったかを考えます．数種類の電解質溶液の電気分解を連続的に行い，比較しながら電気分解によりおこる化学反応を確認します．

### (1)　ヨウ化カリウム水溶液の電気分解

| 準備物 |
| --- |
| 【器具】10 穴（6 穴）呈色板，炭素電極（ホルダー芯，直径 2 mm，長さ 25 cm），ミノムシクリップ，ボタン電池（あるいは USB 電源），ろ紙 |
| 【試薬】0.1 mol/L ヨウ化カリウム水溶液，フェノールフタレイン溶液，デンプン溶液 |

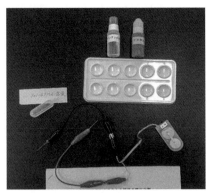

図 1　実験器具の一式

## ■ 実験方法 （実験時間約 15 分）

　実験に用いる器具の一式を図 1 に示します．以下に示す(2)，(3)，(4)の実験の場合も電解質溶液を除いては共通に使用します．

① 　呈色板の穴に，0.1 mol/L ヨウ化カリウム水溶液を，あふれない程度に入れます（入れすぎないように注意）．

② 　フェノールフタレイン溶液を極少量入れます（入れすぎないように注意）．

③ 　呈色板の穴の溶液に，炭素棒をつけたミノムシクリップをつけます．このとき，赤いミノムシクリップが＋極（陽極），黒いミノムシクリップが－極（陰極）となります．

④ 　ボタン電池のスイッチを入れます．使用後，スイッチを OFF にする習慣をつけましょう．

　[注意] 炭素電極どうしの先を接触させないようにしましょう．

⑤ 　ボタン電池により約 6 V 直流電圧で，約 1 分間の電気分解を行います．

⑥ 　電気分解後，陽極付近にデンプン溶液を 1 滴加えます．

## (2)　塩化ナトリウム水溶液（食塩水）の電気分解

### 準備物

【器具】実験 (1) と同じ

【試薬】20 % 塩化ナトリウム水溶液（食塩水），フェノールフタレイン溶液，ヨウ化カリウムデンプン紙

## ■ 実験方法 （実験時間約 15 分）

① 　呈色板の穴に，20 % 塩化ナトリウム水溶液をあふれない程度に入れます（入れすぎないように注意）．

② 　フェノールフタレイン溶液を極少量入れます（入れすぎないように注意）．

③ 　炭素電極をつけたミノムシクリップを溶液につけます．

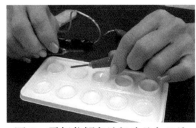

図 2　電気分解をはじめるところ

④　ボタン電池のスイッチを入れます.

⑤　すぐに反応が始まります. 20 ～ 30 秒間,
炭素電極の表面, 食塩水の変化を観察します
(図 2).

⑥　変化を確認後, すぐにヨウ化カリウムデンプ
ン紙を溶液につけます (図 3). 陽極側のヨウ
化カリウムデンプン紙, 陰極側の溶液の色の
変化に注目して観察します.

図 3　電気分解後の変化

## (3)　硝酸銀水溶液の電気分解

### 準備物

【器具】実験(1)と同じ, 追加：プラスチック棒

【試薬】0.1 mol/L 硝酸銀水溶液

## ■ 実験方法 (実験時間約 15 分)

①　呈色板の穴に, 0.1 mol/L 硝酸銀水溶液をあふれない程度に入れます (入
れすぎないように注意).

②　ミノムシクリップの先に炭素電極をつけたミノムシケーブルを, ボタン電池
につなぎます.

③　ボタン電池のスイッチを入れます.

④　呈色板の穴に置いた炭素電極の表面
では, どのような変化が見られるか,
よく観察します (図 4).

⑤　どちらかの極に析出した物質を, プラ
スチック棒を使ってろ紙の上に集めます.

⑥　集めた後, プラスチック棒でこすっ
て変化を見ます.

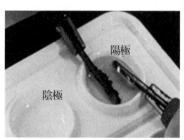

図 4　電気分解の様子

## ⑷ 塩化銅（Ⅱ）水溶液の電気分解

### 準備物

【器具】実験⑴と同じ，追加：プラスチック棒，赤い色紙，ピンセット

【試薬】0.5 mol/L 塩化銅（Ⅱ）水溶液

## ■ 実験方法（実験時間約 15 分）

① 呈色板の穴に，0.5 mol/L 塩化銅（Ⅱ）水溶液をあふれない程度に入れます（図5）（入れすぎないように注意）.

② 赤い色紙を，ピンセットを使って呈色板の穴につけます.

③ ボタン電池のスイッチを入れます.

④ 塩化銅（Ⅱ）水溶液の入っている呈色板の穴に，2本の電極を接触しないように水平方向から入れます．2本の炭素電極の間に赤い色紙を置きます.

⑤ 呈色板の中の炭素電極の表面では，どのような変化が見られるか，よく観察します．発生する気体の臭いにも注意します（図6）.

⑥ 電極表面に析出した物質を，ろ紙の上に集め，プラスチック棒でこすって変化を見ます.

図5 溶液を入れているところ

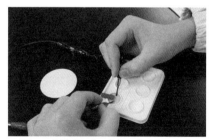

図6 電極および赤い色紙の変化に注目

## (1)　ヨウ化カリウム水溶液の電気分解

### ▌実験結果

1.　陽極および陰極では，それぞれどのような変化がおこりましたか．

> 陽極：無色透明の溶液だったが，実験後，褐色に変化した．デンプン溶液を
> 　　　加えると，青紫色に変化した．
> 陰極：無色透明の溶液だったが，フェノールフタレイン溶液により赤色に変
> 　　　化した．

2.　デンプン溶液を加えたときの反応名と，陽極での生成物を書きなさい．

| 反応名 | 生成物 |
|---|---|
| ヨウ素デンプン反応 | ヨウ素 |

### ▌考　察

1.　フェノールフタレイン溶液の色の変化から，陰極付近ではどのイオンが増
　えていると考えられますか．また，そのイオンは水溶液中のどの物質から生成
　されたものですか．

| イオンの名称 | 物質 |
|---|---|
| OH$^-$（水酸化物イオン） | 水 |

2.　陽極，陰極でおこった化学反応式を e$^-$ を使って書きなさい．

> 陽極：$2I^- \rightarrow I_2 + 2e^-$　（$2I_3^- \rightarrow 3I_2 + 2e^-$）
> 陰極：$2H_2O + 2e^- \rightarrow H_2 + 2OH^-$

## (2)　塩化ナトリウム水溶液（食塩水）の電気分解

### ▌実験結果

1.　両極の変化を書きなさい．

> 陽極：気体が発生した．炭素電極の表面に気泡がついた．
> 陰極：赤色に変化

2. ヨウ化カリウムデンプン紙の色の変化を書きなさい.

> 白色から黒(紫)色に変化

3. フェノールフタレイン溶液の変化を書きなさい.

> 無色透明の溶液が徐々に赤くなった.

## ■ 考 察

1. ヨウ化カリウムデンプン紙の色が変化した理由を説明しなさい.

> 塩素は単体でいる方が安定で
> $$2Cl^- \rightarrow Cl_2 + 2e^-$$
> 塩素気体は水に溶けやすく,次亜塩素酸 $HClO$ となる.酸化力の強い次亜塩素酸により,ヨウ化カリウムデンプン紙からのヨウ化物イオンが酸化されてヨウ素 $I_2$ となる.
> このヨウ素とデンプンによる「ヨウ素デンプン反応」がおこり,変色する.
> $$2I^- \rightarrow I_2 + 2e^-$$
> $$(2I_3^- \rightarrow 3I_2 + 2e^-)$$
> このとき,ヨウ素の酸化数は,$-1$ から $0$ に変化しているので,酸化されている.

2. 両極での変化を $e^-$ を含む反応式で表しなさい.

> 陽極:$2Cl^- \rightarrow Cl_2 + 2e^-$
> 陰極:$2H_2O + 2e^- \rightarrow H_2 + 2OH^-$
> 陽極では,$Cl^-$ イオンのようなハロゲンイオンが存在すると,水酸化物イオン $OH^-$ よりも優先的に酸化される.
> 全体としての反応
> $$2NaCl + 2H_2O \rightarrow H_2 + Cl_2 + 2NaOH$$

## ⑶　硝酸銀水溶液の電気分解

### ■ 実験結果

1.　両極の変化を書きなさい.

> 陽極：気体が発生した. 炭素電極表面に気泡がついた.
> 陰極：電極の表面に白い析出物

2.　陰極の炭素棒に付着した物質をろ紙にこすりつけた様子を書きなさい.

> ろ紙の上で, こすりつけると「銀白色」になった.

### ■ 考　察

1.　陽極では, どのような変化がおこったか. イオン反応式で示し, その理由も説明しなさい.

> 陽極：$2H_2O \rightarrow O_2 + 4H^+ + 4e^-$
> $NO_3^-$のような陰イオンは酸化されにくいので, 水が酸化されて酸素が発生する.

2.　陰極では, どのような変化がおこったか. イオン反応式で示し, その理由も説明しなさい.

> 陰極：$Ag^+ + e^- \rightarrow Ag$
> 水素よりイオン化傾向の小さい陽イオン（この場合 $Ag^+$）は還元されて金属として析出する.

3.　電気分解によりおこった全体の反応を化学反応式で示しなさい.

> 全体の反応
> $4Ag^+ + 2H_2O \rightarrow 4Ag + O_2 + 4H^+$

## ⑷ 塩化銅（Ⅱ）水溶液の電気分解

### ■実験結果

1. 赤い色紙はどのように変化しましたか.

赤色が脱色して白色に変化した.

2. ろ紙の上で，電極に析出した物質をプラスチック棒でこすった結果，どのような変化が現れましたか.

赤銅色の金属光沢が現れた.

### ■考 察

1. 電気分解の結果，それぞれの極ではどのような変化がおこったか. 化学反応式で示し，また生成した物質を答えなさい.

陽極：$2Cl^- \rightarrow Cl_2 + 2e^-$
陰極：$Cu^{2+} + 2e^- \rightarrow Cu$
陽極では気体が発生し，臭いがした. 塩素が発生した.
陰極では炭素棒の表面が赤茶色に変化した. 銅が析出した.

### ■解 説

電気分解実験は，少量の溶液でも十分に変化を観察できます. 図7では3種類の電解質溶液を連続して行い，比較しながら短時間で結果を観察しています. マイクロスケール実験の導入効果が顕著に認められる教材実験です. 電源には小型化のためボタン電池（2個入，6 V）を使っていますが，その他の方法は，第4章を参照してください.

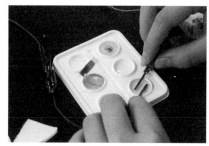

図7 3種類の溶液の電気分解

## ＜ヨウ化カリウム水溶液の電気分解＞

　陽極からはヨウ素，陰極からは水素が生成します．電圧を印加した約 1 分後に陽極側は褐色に変化します．その後，デンプン溶液を加えると青紫色を示します．これは析出したヨウ素が，ヨウ素デンプン反応をおこすためです．ヨウ素デンプン反応は，デンプンのらせん構造のすき間にヨウ素分子が入りこむことによって青紫色（濃度が大きいと黒紫色になる）を示す反応です．

　陰極側は，赤色を示します．これは陰極付近に水酸化物イオンが増加し，フェノールフタレイン溶液と反応するためです．ヨウ化カリウム水溶液の電気分解の場合，水溶液中には，電離によって生じたヨウ化物イオン，カリウムイオンおよび水分子が存在します．カリウムイオンはイオン化傾向が大きく安定しているため，反応に関与しません．電極には炭素電極を使用しているので，電気分解を行うと，水分子が電子を受け取り水酸化物イオンが増加します．

　以上から，陽極，陰極の反応をまとめると

　　陽極：$2I^- \rightarrow I_2 + 2e^-$

　　陰極：$2H_2O + 2e^- \rightarrow H_2 + 2OH^-$

ヨウ化カリウム水溶液は，低濃度である 0.1 mol/L の溶液でも，陽極側でヨウ素の析出によるヨウ素デンプン反応を確認できます．また陰極側でも，フェノールフタレイン溶液の変化と気体の発生が確認できます．デンプン溶液は，可溶性デンプン 1 ～ 2 g を蒸留水100 mL に溶かしてつくります．

## ＜塩化ナトリウム水溶液の電気分解＞

　陽極の電極表面には気泡がつき，気体の発生が確認できます．臭いからも塩素であることがわかります．塩素は水溶性で，発生してもすぐに水に溶けますが，電極表面に付着し，外に放出されるのもあります．塩素は水に溶けて次亜塩素酸（HClO）になり，強い酸化力と脱色作用を示します．

　ヨウ化カリウムデンプン紙を入れると，溶け出したヨウ化物イオンが，酸化されてヨウ素 $I_2$ となります．以上をまとめると

　　$2Cl^- \rightarrow Cl_2 + 2e^-$

　　$2I^- \rightarrow I_2 + 2e^- (2I_3^- \rightarrow 3I_2 + 2e^-)$

　一方，陰極でのフェノールフタレイン溶液による赤変は敏感で，電気分解の直後から観察できます．陰極で還元される可能性のあるのは $Na^+$，$H^+$ で，単体でいる方が安定な物質は水素です．次のように，$OH^-$ が増えます．

　　$2H_2O + 2e^- \rightarrow H_2 + 2OH^-$

## ＜硝酸銀水溶液の電気分解＞

　陽極では炭素電極表面に気泡がつきます．また陰極では表面に白い析出物が見られます．陰極の炭素棒に付着した物質をろ紙にこすりつけると，「銀白色」になります．電気分解の途中で，電極を引きあげても，この銀白色の物質を

確認できます．陽極では，次の反応がおこり，酸素が発生します．

$$2H_2O \rightarrow O_2 + 4H^+ + 4e^-$$

陽極付近では $NO_3^-$ のような陰イオンも存在しますが，酸化されにくいので，水が酸化されて酸素が発生します．

陰極では次の反応により，銀が析出します．

$$Ag^+ + e^- \rightarrow Ag$$

$H^+$ よりイオン化傾向の小さい $Ag^+$ が還元されて金属として析出します．$H^+$ よりイオン化傾向の大きい陽イオンの場合には，$H^+$ が優先的に還元され水素を発生します．

全体の反応以下は以下のようになります．

$$4Ag^+ + 2H_2O \rightarrow 4Ag + O_2 + 4H^+$$

### ＜塩化銅（Ⅱ）水溶液の電気分解＞

陽極で発生した気体は，臭いや脱色作用から塩素です．塩化銅（Ⅱ）水溶液中に存在するイオンは $Cu^{2+}$，$Cl^-$，$OH^-$，$H^+$（正確にはヒドロニウムイオン $H_3O^+$）と考えられます．陽極および陰極では，次の反応がおこります．

陽極　$2Cl^- \rightarrow Cl_2 + 2e^-$

陰極　$Cu^{2+} + 2e^- \rightarrow Cu$

電源から供給された電子 $e^-$ により，陰極付近において，$H^+$ イオンより還元されやすい $Cu^{2+}$ が還元され，陰極の炭素棒の表面には，金属の銅が付着します．ろ紙の上でこすりつけると，特徴的な「赤銅色」を示します．また，陽極付近では，$Cl^-$ イオンが，優先的に酸化され塩素ガス（$Cl_2$）が発生します．

本実験では，電源として「手回し発電機」を用いても可能です．エネルギーの変換を実感しながら，少しずつ回転を加え，電極表面の変化の様子を観察することが重要です．

### 参考文献

□ 佐藤美子・山口幸雄・芝原寛泰：「呈色板を用いたマイクロスケール実験による電気分解の教材開発と授業実践」，科学教育研究，Vol.41，No.2，213-220，2018

□ M.M.Singh・R.M.Pike・Z.Szafran：『Microscale & Selected Macroscale Experiments for General & Advanced General Chemistry』Wiley，1995

□ 賀澤勝利：「呈色反応皿・ウエルセルプレートの利用」，化学と教育，63巻，11号，548-549，2015

□ 佐藤美子・芝原寛泰：「パックテスト容器を用いたマイクロスケール実験による電池・電気分解の教材開発と授業実践―考える力の育成を図る実験活動を目指して―」，理科教育学研究，Vol.53，No.1，61-67，2012

## 2.5　電気分解・電池の原理を実感する

# ③ 空気電池を作製して特徴を探る

**【単元】**　高等学校化学「化学反応とエネルギー」

**【実験のねらい】**

　空気電池のなかで最も実用化の進んでいる空気亜鉛電池の作製と，酸素等の雰囲気を変えたときの電池の特性を調べます[1,2]．空気電池の原理や特徴，さらに活物質について考察します．

## (1)　空気亜鉛電池の原理を考える

　空気亜鉛電池の原理と活物質について考えるため，空気亜鉛電池を作製します．

---

**準備物**

**【器具】** 亜鉛板，炭素棒，不織布，ピペット，プラスチック容器，ゴム管，点眼びん，デジタルマルチメータ，ミノムシクリップ，スポンジ製の固定器具

**【試薬】** 3 mol/L 水酸化カリウム水溶液，粒状酸化マンガン(Ⅳ)，10 % 過酸化水素水

---

## ■ 実験方法（実験時間約 25 分）

① 炭素棒（長さ 1 cm，直径 0.5 cm）に不織布を巻きつけ，不織布の先端が下になるように亜鉛板と合わせます（図 1）．

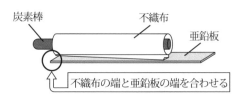

図 1　炭素棒と亜鉛板の固定

② スポンジ製の固定器具でとめ，プラスチック容器（6 × 8 × 3 cm）のふた部分からつながっている赤色の導線の先に炭素棒を，黒色の導線の先に亜鉛板をつなぎます（図2, 3, 4）

③ ピペットで不織布の部分に，3 mol/L 水酸化カリウム水溶液 0.5 mL を染みこませるように滴下します．

④ 作製した空気亜鉛電池をプラスチック容器に入れ，密閉します（図4(a)）．

⑤ 粒状酸化マンガン（IV）の入った点眼びんに 10 % 過酸化水素水 4 mL を滴下し酸素を発生させます．ゴム管で電池の入った容器とつなぎます（図4(b)）．あらかじめ接続した赤黒のミノムシクリップをデジタルマルチメータにつなぎます．

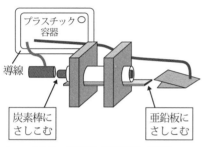

図2　電極を炭素棒に接続

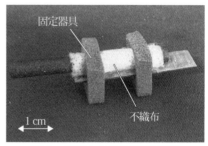

図3　作製した空気亜鉛電池

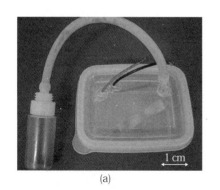

(a)

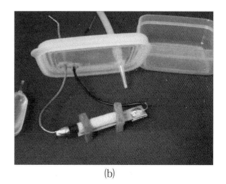

(b)

図4　酸素発生用の容器

## (2)　空気亜鉛電池の特徴をさぐる

空気亜鉛電池の小型化をはかり，さらに活物質の役割を考えます．

---

### 準備物

【器具】実験(1)と同じ，シリンジ，プッシュバイアルびん，12 セルプレート，
　　　　結束バンド

【試薬】実験(1)と同じ，3 mol/L 塩酸と石灰石

---

## ■ 実験方法（実験時間約 25 分）

① 空気亜鉛電池のマイクロスケール化のため，炭素棒，亜鉛板を小さくします．

② 円形スポンジに穴をあけ，長さ約 1 cm の炭素棒をさしこみ，空気極とします．

③ 空気極の炭素棒に正極用の銅線をはめます．

④ 下から亜鉛板，不織布，空気極の順に重ね，結束バンドで固定します．

⑤ 亜鉛板と結束バンドの間に負極の集電用の銅線をさしこみます（図 5）．

⑥ 不織布に 3 mol/L 水酸化カリウム水溶液をしみこませます．

⑦ 作製した空気電池を入れる密閉容器（プッシュバイアルびん）に小さい穴をあけ導線を 2 本通します．

⑧ 別の密閉容器のふたに 6 mL シリンジを取りつけ，中の溶液を滴下して気体を発生させ，ゴム管を通し，空気電池を入れた密閉容器に導きます（図 6）．

⑨ 酸素と二酸化炭素の気体の生成には，それぞれ 10 ％ 過酸化水素水と粒状酸化マンガン(Ⅳ)，および 3 mol/L 塩酸と石灰石をそれぞれ用います．

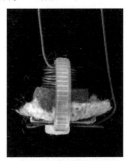

図 5　マイクロスケール化した空気電池の教材

図 6　気体導入の器具
（左：電池を入れる容器，右：気体発生用）

⑩ 作製した空気電池と気体導入用器具を，12セルプレートに配置します（図7）.

⑪ 実験(1)と同様に，あらかじめ接続した赤黒のミノムシクリップをデジタルマルチメータにつなぎます.

図7 気体導入用器具をセルプレートに配置

## (1) 空気亜鉛電池の原理を考える

### 実験結果

作製した空気亜鉛電池を使って測定した結果を書きなさい.

> 最初の空気電池の電圧は 1.16 V，電流は 7.2 mA を示した. 酸化マンガン（IV）を入れ，酸素を発生させると，電圧は 1.19 V，電流は 12.8 mA を示した.
> 酸素が多い雰囲気では，電圧はほとんど変化がなかったが，電流が大きくなることがわかった. 亜鉛板の表面が黒くなっていた.

### 考察

空気電池の特徴や現在，注目されている理由について，実験により気づいたことをまとめなさい.

> 電流が酸素により変動するので，酸素が電池の反応に関与している. 空気中の酸素を利用できる. 電圧は比較的安定している. 小型でも電池として使える. 希少金属を使っていない.

## (2)　空気亜鉛電池の特徴をさぐる

### ■ 実験結果

作製した空気亜鉛電池を使って測定した電流値の変化についてまとめなさい.

> 酸素を導入する前は 1.4 mA，導入後は 3.6 mA を示した.
> 同様に，二酸化炭素を導入すると 0.6 mA を示した.
> 電流値は酸素を導入すると上昇し，二酸化炭素を導入すると減少した.

### ■ 考 察

実験により気づいたことをまとめなさい.

> 電流値は酸素が増えると上昇し，二酸化炭素が増えると減少したことより，酸素が反応に関与していると考えられる. 酸素が活物質になっている. 酸素を減少させたときの電流値の時間的変化が知りたい.

### ■ 解 説

空気電池は正極活物質として空気中の酸素，負極活物質としてイオン化傾向の大きい金属を用いた電池の総称ですが，負極活物質がアルミニウムの「空気アルミニウム電池」，亜鉛の「空気亜鉛電池」等があります. 正極と負極さらに全体の反応を以下に示します.

正極：$O_2 + 2H_2O + 4e^- \rightarrow 4OH^-$
負極：$Zn + 2OH^-$
$\rightarrow ZnO + H_2O + 2e^-$
全体の反応　$Zn + 1/2O_2 \rightarrow ZnO$

空気電池には負極活物質，電解質，空気極の 3 つが必要です. 正極活物質として空気中の酸素を吸着するのが空気極で，一般に多孔質のカーボン材料が用いられます. 他の電池より負極活物質（亜鉛等）を多く内在でき，電気容量が大きく，長時間の放電が可能となります.「ボタン型空気亜鉛電池」が補聴器用電池として一般に市販されています.

作製した空気亜鉛電池の電圧値は約 5 分間，約 1.25 V で安定し，市販の空気電池の約 1.35 V とほぼ近い値を示しました. また電流値も約 2 分後には 1.2 mA 付近で安定しました. 実験(2)の発展として脱酸素剤を使って，電流値の変化を測定すると，電流値は数分後に約半分まで減少しました. 本実験では，気体発生に必要な試薬類をシリンジあるいは容器内に入れ，直接に手を触れることなく安全に気体を発生させることができます [1,2].

## 引用文献

1) 若山祐規・芝原寛泰他：「実用電池としての空気電池の原理を学ぶ教材の開発と実践」他，日本理科教育学会全国大会論文集，2015および2016

2) 若山祐規・芝原寛泰：「空気電池の教材化と高校化学実験への実践的応用—原理を学ぶためのマイクロスケール実験による個別実験—」，教職キャリア高度化センター教育実践研究紀要，第1号，75-84，2019


## 参考文献

□ 鎌田正裕・川原拓：「空気亜鉛電池の教材化Ⅰ-ファラデーの法則の確認実験」，化学と教育，48巻，3号，192-193，2000

## 2.5　電気分解・電池の原理を実感する

# 4　パックテスト容器を用いたダニエル電池

【単元】　中学校第 3 学年「化学変化とイオン」，
　　　　　高等学校化学基礎「酸化還元反応」

【実験のねらい】

　パックテスト容器を用いたダニエル電池の作製を通して，半透膜（セロファン）の役割を考えます．ダニエル電池の構造と仕組みを考えながら動作の確認をします．

### 準備物

【器具】パックテスト容器，専用スタンド（スポンジ製），セロファン（半透膜），耐水性厚紙，プラスチック板，プロペラつきモータ，ミノムシクリップ，銅テープ，亜鉛テープ（2.5 × 3 cm 粘着テープつき），スポンジ（固定用），テスター，クリップ

【試薬】1.0 mol/L 硫酸銅（Ⅱ）水溶液，0.1 mol/L 硫酸亜鉛水溶液

## ■ 実験方法（実験時間約 20 分）

① 　図 1 に示したダニエル電池の作製に必要な部品を確認します．

図 1　電池の作製に必要な部品（解説参照）

② 　銅板の粘着テープをはがし，スポンジを銅板の下に合わせて固定します．

③ 　丸い穴のあいた耐水性厚紙の間にセロファンをはさみます．セロファンは半透膜として使用します．

④ 　亜鉛板の粘着テープをはがし，スポンジを亜鉛板の下に合わせて固定します．

⑤ 図1の部品を，図2のように，この順番に下部をそろえて並べ，クリップで仮留めをしておきます．

⑥ パックテスト容器の中央に⑤でつくった部品を，クリップをはずして垂直に入れます（図3左）．

⑦ 図3右のように，パックテスト容器に入れた部品のうち，2つの金属板とろ紙を外側に折り曲げます．

⑧ パックテスト容器をスポンジの台にのせ，銅板には赤いミノムシクリップを，亜鉛板には黒いミノムシクリップをはさみ，他端のミノムシクリップをプロペラつきモータに接続します（赤色を＋極，黒色を－極に接続します．図5）．

⑨ 図4のように，亜鉛板側のろ紙には，硫酸亜鉛溶液を，銅板側のろ紙に硫酸銅（Ⅱ）溶液を，3～5滴，滴下します．

⑩ 半透膜のセロファンを覆うのにはさんである使うプラスチック板を上方に静かに抜き取ります（このとき，ろ紙などがずれないように注意します）．

⑪ プロペラの動作を確認します．

⑫ 抜き取ったプラスチック板を再度，元のところにさしこみ，プロペラの動作を確認します．

図2 部品を重ねる

図3 パックテスト容器に入れた様子

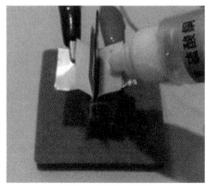

図4 ろ紙に滴下

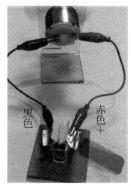

図5 プロペラつきモータに接続

# ■実験結果

　亜鉛板側のろ紙に硫酸亜鉛溶液を，銅板側のろ紙には硫酸銅（Ⅱ）溶液を滴下したときの様子を書きなさい．

> ろ紙に硫酸亜鉛溶液および硫酸銅（Ⅱ）溶液を滴下しても，何も変化がなかったが，真ん中にあるプラスチック板を抜くと，すぐに接続していたプロペラつきモータが回転した（テスターで測定したところ，1.1 V，20 mA を示した）．
> プラスチック板をさしこむと，プロペラの回転がすぐに止まった．
> 銅板の表面は銅色が顕著になっていたが，亜鉛板の表面は黒くなっていた．
> 時間が経つと，硫酸銅（Ⅱ）水溶液の色が少しうすくなった．

# ■考　察

　観察結果からわかったことや，半透膜の役割についてまとめなさい．

> 電池として発電を確認でき，起電力もダニエル電池の理論値に近い値が得られた．
> 半透膜はイオンが通過するため，電荷が運ばれ全体として閉回路ができあがる．しかしプラスチック板で半透膜が覆われるとイオンの移動が妨げられ，電荷の移動がなくなり，電池として回路が形成されず，プロペラモータには電流は流れなくなる．したがって，半透膜はダニエル電池にとっては，溶液の混合を防ぐだけでなく，イオンの通過という役割をもっていることがわかる．
> 硫酸亜鉛水溶液中では，$Cu^{2+}$ が存在しないので，Zn 板に Cu は析出しないはずであるが，時間が経過すると Zn 板の表面は黒くなった．銅イオンが半透膜を通過している可能性がある．

# ■解　説

　銅と亜鉛の標準電極電位の差から求めたダニエル電池の電圧は約 1.1 V になります．「電池の式」で表すと次のようになります．

　$(-)Zn|ZnSO_4|CuSO_4|Cu(+)$
　各電極では，次の反応がおこります．
　銅板側：$Cu^{2+} + 2e^- \rightarrow Cu$

　亜鉛板側：$Zn \rightarrow Zn^{2+} + 2e^-$
　セロファンはビスキングチューブと同様に，半透膜の性質をもっており，二つの溶液が短時間で混ざるのを防ぎますが，イオンは通すことができます．半透膜としてより身近なセロファンを用いています．

ダニエル電池の教材実験は，いろいろな提案がされています[1-4]．本実験で採用しているパックテスト容器では，専用セルスタンドを用いると安定して操作ができ，ダニエル電池の構造もよくわかります．

硫酸亜鉛水溶液を入れた直後に亜鉛板の表面が少し黒くなりますが，これは溶液の濃度差と電荷のバランスをとるために拡散がおこり，半透膜を通過した銅イオンが亜鉛板に析出するためで，亜鉛板の表面の黒色物質は酸化銅(II)になります．

実験では，半透膜(セロファン)の役割を確認するため，半透膜をプラスチック板により遮断して，プロペラの回転の様子を観察しています．半透膜が遮断されると同時に発電がなくなり，ダニエル電池における半透膜の役割，イオンのふるまいが実感でき，探究学習に応用できます[4]．

部品の重ね合わせは図1，2のように，銅板，ろ紙，プラスチック板，耐水性厚紙にはさんだセロファン紙，ろ紙，亜鉛板の順で積層構造をつくり，電解槽の

パックテスト容器に収まるように，両端を柔軟なスポンジで支えます．図2，3は，この積層構造を示しています．組立ての段階ではクリップで一端をとめ，パックテスト容器に挿入後に取り外します．途中にはさんだ2枚のろ紙には，電池を組立てた後に，それぞれ点眼ビンに入れた硫酸銅(II)水溶液及び硫酸亜鉛水溶液を数滴，滴下します．またプラスチック板は，取り外しと挿入を繰り返すことができます．

2.6 ③に示す，micro:bit を用いた電圧測定のプログラムを用いると，プラスチック板を挿入したとき，取り除いたときの電圧変化をとらえることができます．図6に micro:bit を用いて測定しているところ，図7に測定結果のグラフを示します[5]．

図6 micro:bit による測定

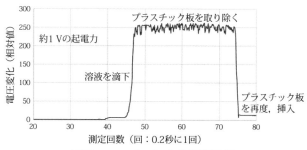

図7 micro:bit による測定結果

## 引用文献

1 ）芝原寛泰・佐藤美子：『マイクロス
ケール実験―環境にやさしい理科実
験』」，オーム社，2011　同英訳版
H. Shibahara and Y. Sato：
『Microscale Experiment-
Environment Conscious
Science Experiment』，オーム社，
2016

2 ）佐藤美子・芝原寛泰：「パックテスト
容器を用いたマイクロスケール実験
による電池・電気分解の教材開発と
授業実践―考える力の育成を図る
実験活動を目指して―」，理科教育
学研究，Vol.53，No.1，61-67，
2012

3 ）奥野晃久・芝原寛泰：「分光セルを
用いた電池・電気分解のマイクロ
スケール実験」，理科教育学研究，
Vol.51，No.1，23-29，2010

4 ）芝原寛泰・佐藤美子：「マイクロス
ケール実験によるダニエル電池の教
材開発と探究的授業デザインの構築
―新学習指導要領による中学校理
科への導入に向けて―」，教職キャ
リア高度化センター教育実践研究紀
要，第2号，95-104，2020

5 ）芝原寛泰・佐藤美子：「ダニエル電池
の原理を探究するマイクロスケール
実験―中学校理科への導入をふまえ
て―」，日本理科教育学会全国大会
課題研究発表論文集，57，2019

## 2.6　プログラミング教育との連携（ICT の活用）

### 1 micro:bit による導通のチェック

【単元】　小学校第 6 学年「電気のとおりみち」

【実験のねらい】

　身近なものには電気が流れるものと，流れないものがあります．電気伝導性の程度により micro:bit の LED の明るさが変化します．micro:bit によるプログラミングの基本を学習してから，プログラム作成と導通チェックの実験を行います．ブレッドボードを使った「導通テストキット」（2.4 ②参照）とプログラミング学習の連携がねらいです．

### 準備物

【器具】micro:bit，USB ケーブル，身近な調べるもの（ハサミなど），
　　　　Windows パソコン（GoogleChrome インストール済）

　micro:bit を使った導通チェックの様子を図 1 に示します．

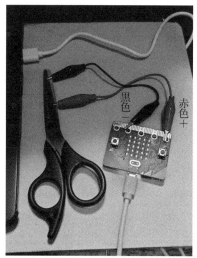

図 1 micro:bit を使った導通チェックの様子

## ■ 実験方法 (実験時間　(1)から(2)を合わせて約 40 分)

### (1)　makecode によるプログラミングの基本

　　最初にプログラム作成のための「makecode」の使い方を以下に示します.

①　インターネットの Google 検索画面で

　　　　https://makecode.microbit.org/#editor

を入力し,「makecode」が使えるようにします (図 2).

②　「新しいプロジェクト」をクリックしてプロジェクト名を入力します. その後, プログラミング画面へ移動します (図 3).

③　「makecode」の画面でプログラムをつくります (図 4).

④　ブロックエリアにある「基本」から「文字列の表示」を選び, 英数字を使って文字列を入力します (例では「Hello!」の文字列) (図 5).

⑤　ブロックエリアにある「基本」から「アイコン表示」を選びます.

図 2　「makecode」の入口の画面

図 3　新しいプロジェクトをタップ

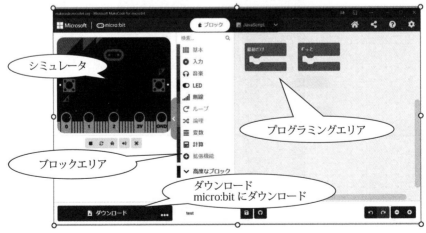

図 4　「makecode」のプログラムエディタの画面

⑥ LED 画面でドットをクリックして表示するパターンを描きます (図 5).

⑦ 以上の簡単なプログラムを micro:bit にダウンロードします (図 6).

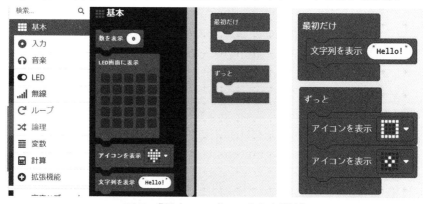

図 5 「基本」のブロックから選ぶ

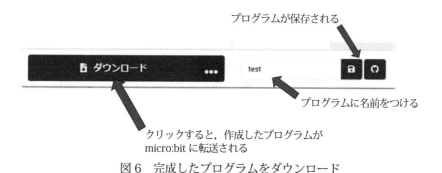

図 6 完成したプログラムをダウンロード

## (2) 導通テストのプログラミング

① 「最初だけ」に「基本」ブロックから選んだ「文字列を表示」を選び英数字を入れます (図 7A).

② 「LED 画面に表示」を選び, ドットをクリックしてパターンを描きます (図 7B).

③ 「ずっと」のブロックに図 8 の命令を入力します.

④ 図 8C の「端子 P0 をプルダウンする」は「高度なブロック 入出力端子 その他」から選びます (図 9).

⑤ 「変数を追加する」で新しい変数「reading」をつくります．このとき
P0 の端子で検出した電圧の値を変数「reading」に入力します（図 8D）．

⑥ 図 9 のように「0」のところに，「入出力端子ブロック」（図 10）にある
「アナログ値を読み取る 端子 P0」を入力します（図 11）．

⑦ 読み取った P0 の値（reading）に応じて LED を点灯させます（図8E）．
このとき reading の値が 1023 のとき，LED が全面点灯になります．「棒
グラフを表示する」は「LED ブロック」にあります（図 12 の矢印）．

⑧ LED の点灯を確認するため，0.5 秒間，停止します（図8F）．「一時停止
（ミリ秒）」は「基本ブロック」にあります．

⑨ プログラムができたら，micro:bit にダウンロードします（図 6）．

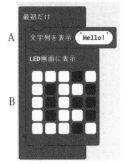

図 7 「最初だけ」の部分

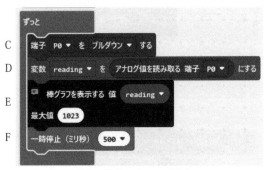

図 8 「ずっと」の部分

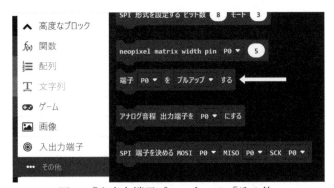

図 9 「入出力端子ブロック」の「その他」

図 10 「入出力端子ブロック」

変数 reading ▼ を アナログ値を読み取る 端子 P0 ▼ にする

図 11 変数と P0 の値を結びつける

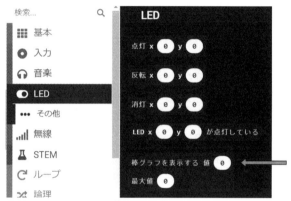

図 12 「LED」ブロック

### ⑶ 身近なものを調べよう

① micro:bit の「3V 端子」に黒色のミノムシクリップ，「GND」に赤色の
ミノムシクリップをつなぎます（図 1）.

② 赤黒のミノムシクリップの先端を接触させ，LED が全面で表示すること
を確認します．全面表示になれば，プログラミング，回路の接続が正しく行
われています.

③ 身近なものとして，ハサミの金属部分に，赤黒のミノムシクリップの先端
を接触させ，LED の表示を確認します．またハサミの柄のプラスチック部
分にもミノムシクリップの先端を接触させ，LED の点灯を比較します.

## ■ 実験結果と考察

身近なものを調べた結果をまとめなさい.

> ハサミの先端部分に赤黒のミノムシクリップの先端を接触させると, LED がすべて点灯した. 柄の部分では, LED は点灯しなかった.
> ハサミの先端部分は金属で, 電気を通すこと, 柄の部分はプラスチックで電気を通さないことがわかった.
> また, LED の表示の明るさは, 電気の通り方の程度により変化することもわかった.

## ■ 解 説

プログラミング教育と理科実験との連携を考え, シングルボードコンピュータ micro:bit を用いて, 身近なものを対象に電気伝導性をチェックします. 第 1 章でも紹介したように, マイクロスケール実験のもつ個別実験の特徴を活かしたプログラミング教育と理科実験の連携により, マイクロスケール実験の定量的測定が可能となり, 同時にプログラミング学習の振り返りと, 理科学習の有用性を認識することにもつながります.

micro:bit は, イギリスの BBC が 2015 年に開発した教育向けのシングルボードコンピュータです. 英国では 11 ～ 12 歳の子供全員に無償で配布, 授業の中で活用が進んでいます. 日本では, 2017 年より販売さています. プログラミング可能な 25 個の LED と 2 個のボタンスイッチ, 加速度センサと磁力センサ, 無線通信機能を搭載しています. USB ケーブルで Windows パソコンと, Bluetooth で iPad と接続可能で, 2020 年より micro:bit V2 となり機能が向上しています. 2000 ～ 3000 円 /1 台.

本書では micro:bit を用いたマイクロスケール実験として, 他に, 化学反応による温度変化の測定 (2.6 ②), 電池の起電力の変化の測定 (2.6 ③) の例を取りあげています.

micro:bit によるプログラミングに慣れるため最初に, プログラミングの基礎的な学習を入れています. この部分は他の実験でも共通する内容となっています.

固体や溶液の電気伝導性を調べる実験について, 2.4 ② では LED を使っています. その際に用いた固体試料や溶液試料を使うこともできます.

## 参考文献

□ 佐藤美子・芝原寛泰：「マイクロス
　ケール実験のプログラミング教育への
　応用（Ⅰ）～（Ⅳ）」，日本理科教育学会
　全国大会　近畿支部大会発表論文集，
　2019, 2020, 2021, 2022

□ 川村康文・前田謙治・小林尚美：『はじ
　めてみようSTEAM教育　小学生から
　の実験とプログラミング』，オーム社，
　2021

□ 上杉公榮：『micro:bit　プログラミ
　ング理科実験教室Ⅰ』，KashiPro，
　2021

□ 上杉公榮：『micro:bitでたのしい電子
　工作』，KashiPro, 2019

□ 平間久美子・西沢利治：『micro:bitで
　はじめる電子工作』，工学社，2018

## 2.6　プログラミング教育との連携（ICT の活用）

# 2 温度センサと micro:bit を用いた温度測定

【単元】 高等学校化学基礎「化学反応」，「酸・塩基と中和」，
　　　　中学校第 2 学年「化学変化」，「化学変化と熱」

【実験のねらい】

　状態変化における温度変化などを，小型温度センサとシングルボードコンピュータ micro:bit を用いて測定と記録を行います．中和反応による溶液の温度変化を測定します．温度センサはマイクロスケール実験に使える小型のセンサを用いています．

---

### 準備物

【器具】micro:bit V1.5，USB ケーブル，ミノムシクリップ，シリンジ，
　　　　温度センサ（Microchip 社　MCP9700），コンデンサ（0.1 $\mu$F），
　　　　6 セルプレート，プッシュバイアルびん，ブレッドボード，Windows
　　　　パソコン，ジャンパーケーブル

【試薬】0.1 mol/L 硫酸，0.1 mol/L 水酸化バリウム水溶液，BTB 溶液

---

## ■実験方法（実験時間約 25 分）

### (1)　実験装置の組立て

　① 温度センサをブレッドボードと micro:bit につなぎます．模式的に図 1
　に，実際に接続した様子を図 2 に示します．ブレッドボードには，測定値
　の安定化のためのコンデンサ（0.1 $\mu$F）を挿入しています．

　② ブレッドボードから micro:bit の P0，3V 端子，GND の 3 ヶ所にジャ
　ンパーケーブルを用いて接続します．

　③ 反応容器のプッシュバイアルびんをセルプレートに入れます（図 3）．

　④ 反応容器には防水処理をした温度センサを入れます．

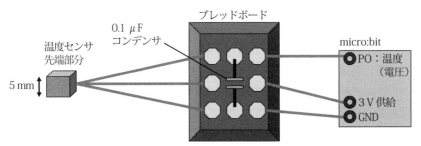

図1　ブレッドボードを中継して温度センサと micro:bit を接続

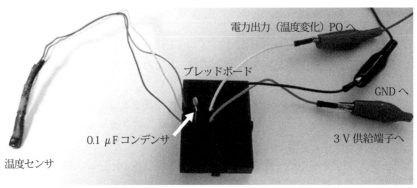

図2　図1に基づいて実際に接続した様子

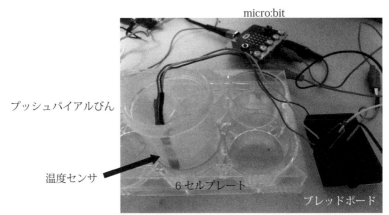

図3　中和反応における測定の様子

## ⑵ micro:bit のプログラミング

　プログラミングは「makecode」のブロックモードを使い，パソコン上で作成して micro:bit に転送して実行します．測定データも USB ケーブル経由でパソコンに転送すると，エクセルを使ったグラフ表示も可能となります．図4にプログラムの例を示します．プログラムでは，micro:bit の A ボタンを押すと測定開始と再開，B ボタンで測定中断となります（図4(a)）．測定は1秒に1回としていますが，測定時間に合わせて調整が可能です（図4(b)）．プログラミングの基本は 2.6 ① に詳しく述べています．

## ⑶ 測定の方法

⑤　温度センサと micro:bit およびブレッドボードに接続します（図3）．

⑥　プッシュバイアルびんを6セルプレートにセットして，0.1 mol/L 硫酸を2 mL を入れます．

⑦　パソコンに micro:bit を接続して測定の準備をします．

⑧　溶液の温度がパソコンのモニタに表示され，測定値が安定してきたら，測定の記録をはじめます．

⑨　シリンジを用いて一定量（1回 0.5 mL）の 0.1 mol/L 水酸化バリウム水溶液を加え撹拌します．

⑩　温度変化を確認できたら，さらに水酸化バリウム水溶液を同量加えていきます．

⑪　BTB 溶液による色変化を確認して，溶液が青色になったら測定を終了します．

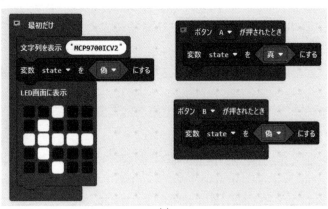

(a)

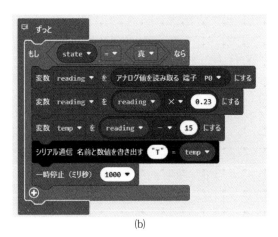

(b)

図 4　プログラミングの例

## ■実験結果と考察

パソコンに転送された測定データを用いて，温度変化をグラフで示しなさい.

測定結果を以下に示す（図 5）．横軸は 0.2 秒に 1 回の測定を行った回数を示
している．温度変化は 5 点移動平均の値をプロットしている．中和点付近で
約 2 ℃の温度上昇があり，その後，温度が一定になることがわかった.

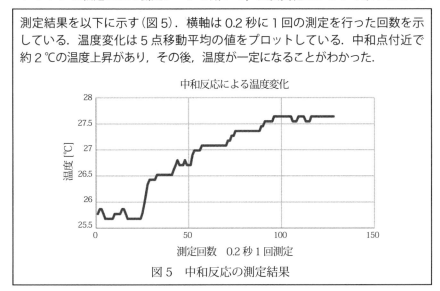

図 5　中和反応の測定結果

## ■ 解　説

　プログラミング教育と理科実験との連携を考え，シングルボードコンピュータmicro:bitを用いて，マイクロスケール実験による中和反応における温度変化を測定しています．温度センサ（Microchip社MCP9700）を熱収縮性パイプに通した後，全体をエポキシ樹脂で被覆することにより耐水性を向上させています（図6）．

　　(a)　　　　　(b)　　　　(c)
温度センサ　リード線の延長　被覆
図6　温度センサ

　温度センサから出力される電圧値を温度に換算するための計算式は，メーカーから提供されている資料を参考にしていますが，より正確には，水の沸点や融点を実測して補正する必要があります．温度センサは通販で，1個100円ほどで入手可能です．$-40\ ℃$〜$+125\ ℃$の温度範囲で使用可能で，全温度範囲での精度は$±2\ ℃$です．

### 参考文献

□ 佐藤美子・芝原寛泰：「マイクロスケール実験のプログラミング教育への応用（Ⅰ）〜（Ⅳ）」，日本理科教育学会全国大会　近畿支部大会発表論文集，2019，2020，2021，2022

□ 川村康文・前田謙治・小林尚美：『はじめてみようSTEAM教育　小学生からの実験とプログラミング』，オーム社，2021

□ 上杉公榮：『micro:bitプログラミング理科実験教室Ⅰ』，KashiPro，2021

□ 上杉公榮：『micro:bitでたのしい電子工作』，KashiPro，2019

□ 平間久美子・西沢利治：『micro:bitではじめる電子工作』，工学社，2018

## 2.6　プログラミング教育との連携（ICT の活用）

# ③ micro:bit による備長炭電池の電圧測定

【単元】　中学校第 3 学年「化学変化とイオン」

【実験のねらい】

　身近な材料を使った電池として「備長炭電池」は，簡単に作製することができます．食塩水を滴下したときの起電力の変化を micro:bit で測定します．さらに USB ケーブルを使って Windows パソコンにデータをシリアル転送します．エクセルによるグラフ表示も行います．micro:bit によるプログラミングの基本は，2.6 ①を参考にしてください．

---

**準備物**

【器具】micro:bit，USB ケーブル，備長炭電池（備長炭，アルミニウム箔，ティシュペーパー），Windows パソコン（GoogleChrome インストール済）

【試薬】食塩水 10 ％以上

---

図 1　micro:bit を使った備長炭電池の測定

# ■実験方法 （実験時間(1)と(2)を合わせて約 40 分）

図 1 に micro:bit を使った備長炭電池の測定の様子を示します.

## (1) makecode によるプログラミング

① 「最初だけ」に「基本」ブロックから選んだ「文字列を表示」を選び, 英数字を入力します（図2A）.

② 「変数」ブロックにある「変数を追加する」を選び, 新しい変数「state」をつくります.

③ 「変数」ブロックにある「変数 XXX を ZZZ にする」を選びます.

④ XXX には「state」を入れます. さらに YYY には,「論理」にある「真」を入力します（図2B）.

⑤ 「入力」ブロックにある「ボタンが押されたとき」を選びます.「変数」にある「変数 XXX を YYY にする」を選び, XXX には「state」を入力します. YYY には,「論理」ブロックにある「真」を入力します（図2C）.

⑥ 同様に「入力」ブロックにある「ボタン B が押されたとき」を選びます. ここでは「真」の代わりに「偽」を入れます（図2D）.

　　以上の⑤, ⑥により, micro:bit のボタン A を押すと測定を開始, ボタン B を押すと中断するようになります.

⑦ 「ずっと」に命令を入力します（図 3）.

⑧ 「論理」ブロックにある,「もし…でなければ」を選びます.「もし….」の次に,「論理」の「くらべる」にある「<0 =▼ 0>」を入れます（図3E）.

⑨ 「高度なブロック」にある「入出力端子」の下「その他」をクリック. その中にある「端子 P0 をプルダウンする」を選びます（図3F）. なお P0 は micro:bit の左端の端子になります.

⑩ 「変数」ブロックで新しい変数「readingP0」をつくります.

⑪ 「変数」ブロックにある「変数 XXX を ZZZ にする」を選びます. XXX には「readingP0」を入力します.

⑫ 「高度な編集」ブロックにある「入出力….」から「アナログ値を読み取る端子 P0 にする」を選び, ZZZ に入力します（図3G）.

⑬ 「計算」にある「変数×10」を選び「readingP0」を 10 倍します（図3H）.

⑭ 「高度なブロック」にある「シリアル通信　名前と数値を書き出す XXX」を選び, XXX に「V=readingP0」を入力します. シリアル通信により, USB ケーブルを通してデータがパソコンに転送されます（図3I）.

⑮ 「LED表示」にある「棒グラフを表示するXXX」を選び，XXXに「readingP0」を入れます．最大値を1023にするとLEDがすべて点灯します（図3J）．

⑯ 「基本」にある「一時停止XXX」を選び，XXXに5000（ミリ秒）を入力します（図3K）．5秒に1回の測定になります．

⑰ 「でなければ」のところに「論理」にある「もし‥‥」を選びます（図3L）．

⑱ 「もしXXX = YYY」のところで，XXXに「state」のYYYに「偽」を入力します．

⑲ 「LED表示」でLEDの点灯パターンを入れます．さらに無点灯のパターンを入れると点滅することになります（図3M）．

図2 「最初だけ」とA，Bボタンの設定

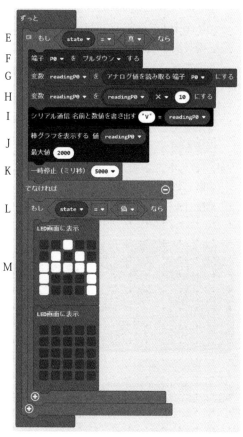

図3 「ずっと」の設定

151

## ⑵　備長炭電池を調べよう

①　パソコンと micro:bit を USB ケーブルで接続して，作成したプログラムを micro:bit にダウンロードします（ダウンロードの方法は 2.6 ①を参照）.

②　micro:bit の GND（グランド）端子と，備長炭電池のアルミニウム箔を黒色ミノムシクリップで接続します. 同様に，備長炭電池と micro:bit の P0 端子を赤色ミノムシクリップで接続します（図 1）.

③　備長炭電池のティッシュペーパーに食塩水を滴下します（図 4）.

④　micro:bit の「A」ボタンを押すと，「コンソール表示　デバイス」が表示されます. これをクリックすると，makecode の右側画面に測定した電圧値（相対値）とグラフが表示されます. また備長炭電池の電圧の程度により micro:bit の LED の明るさが変化します.

⑤　備長炭に接続している赤色ミノムシクリップをはずして，電圧変化を測定します.

再び赤色ミノムシクリップを接続します. これを数回繰り返して電圧変化を確認します. 測定中の様子を図 5 に示します.

⑥　「B」ボタンを押して，測定を中断します（測定を再開するには，再度「A」ボタンを押します）.

図 4　接続と滴下の様子

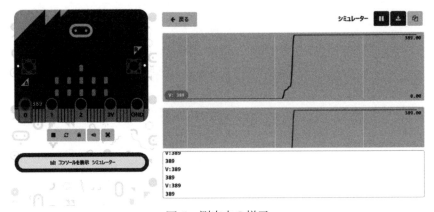

図 5　測定中の様子

⑦　測定を終了するには，右上の緑色の「II」を押します（図6）.

　　測定した値をエクセルに転送するには，右上の下向き矢印「↓」をクリックします. 自動的にエクセルの画面が表示されるので，xls の形式で保存します.

図6　プログラムの停止とデータの保存

## ■実験結果と考察

　備長炭電池の電圧変化のグラフで示しなさい. 接続している赤色ミノムシクリップをはずしたとき，また，再び接続したときの電圧の変化について書きなさい.

備長炭電池の電圧変化を示す（図7）. 縦軸は電圧の相対変化を示し，横軸は測定回数に対応する. 5秒に1回の測定を行ったので，例えば，20（回）は 100 秒を示す. 備長炭電池に接続しているクリップをはずすと電圧は下がり，再び接続すると元の電圧まで戻った.

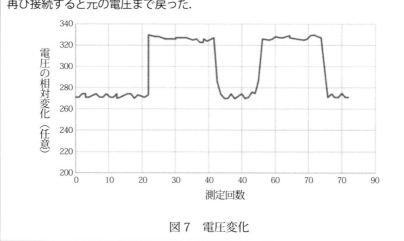

図7　電圧変化

## ■解　説

　プログラミング教育と理科実験との連携を考え，身近な電池として備長炭電池を取りあげ，シングルボードコンピュータ「micro:bit」を用いて，電圧の変化を記録しています．

　備長炭電池をつくるには，2 ~ 3 cmの大きさの備長炭にティッシュペーパーあるいはキッチンペーパーを巻きます．備長炭に接触しないように，上からアルミニウム箔を 2 ~ 3 重に巻きつけます．このとき，輪ゴムを巻いて固定すると便利です．食塩水をティッシュペーパーにしみこませます．赤色ミノムシクリップを備長炭に，黒色ミノムシクリップをアルミニウム箔に接続します．赤色（＋），黒色（－）を間違えないように，プロペラつきモータなどに接続して，動作を確認します．

図 8　備長炭電池の接続

　備長炭電池は小・中学校の理科教科書にも記載されていますが，その原理は少し複雑です．空気電池の一つと考えられ，正極の活物質が酸素となります．備長炭の表面に付着していた酸素が使われますが，空気中にある酸素も関与します．一方，負極のアルミニウム箔は溶けてイオンと電子になります．したがって，放電後にアルミニウム箔に光をあてると無数の穴があいていることが確認できます（図 9）．起電力は 1.1 ~ 1.2 V を示しますが，大きい備長炭を使い，アルミニウム箔を密着させると，電流値は大きくなります．電気伝導性が良いことが条件ですが，良質の備長炭は少したたくと金属音がします．

図 9　穴の空いたアルミニウム箔

### 参考文献

□ 佐藤美子・芝原寛泰：「マイクロスケール実験のプログラミング教育への応用（Ⅰ）~（Ⅳ）」，日本理科教育学会全国大会 近畿支部大会発表論文集，2019，2020，2021，2022

□ 川村康文・前田謙治・小林尚美：『はじめてみようSTEAM教育　小学生からの実験とプログラミング』，オーム社，2021

□ 上杉公榮：『micro:bit プログラミング理科実験教室Ⅰ』，KashiPro，2021

□ 平間久美子ら：『micro:bitではじめる電子工作』，工学社，2018

□ 米村傳治郎監修・大沢幸子：『米村傳治郎のおもしろ科学館』，オーム社，2002

# 第3章

## 実験教室・授業における
## マイクロスケール実験の活用例

## 3.1 「ひらめき☆ときめきサイエンス」における活用

　「ひらめき☆ときめきサイエンス～ようこそ大学の研究室へ～ KAKENHI」（以下，「ひらめき☆ときめきサイエンス」）は，JSPS（Japan Society for the Promotion of Science: 日本学術振興会）主催による「科研費研究成果社会還元事業」であり，現在は「研究成果公開促進費」の一つとして位置づけられています．JSPS のホームページ[1]には，「ひらめき☆ときめきサイエンス」の活動趣旨，目的および発足の経緯についてまとめられています．趣旨・目的として，「以下に掲げる点を目的として，学術が持つ意義や学術と日常生活との関わりに対する理解を深める機会を社会に提供すること．我が国の将来を担う児童・生徒を対象として，若者の科学的好奇心を刺激してひらめき，ときめく心の豊かさと知的創造性を育むこと．科研費による研究について，その中に含まれる科学の興味深さや面白さを分かりやすく発信すること」などが述べられています．「ひらめき☆ときめきサイエンス」の場を借りて実施した，マイクロスケール実験の普及のための実験活動について紹介します．対象参加者を中学生，高校生に限定しているため，必然的にわかりやすく伝える努力や工夫が必要です．また，Teaching Assistant（以下，TA）として参加・協力する大学院生・学部学生にとっても，マイクロスケール実験の教材実験としての意義を確認し，教員志望を高める機会となっています．

　京都教育大学で 2009 ～ 2015 年に実施した状況を表 1 に示します[2]．実施場所は学内実験室で，TA として 7 ～ 8 名の大学生・大学院生の協力を得ました．実施するテーマは，マイクロスケール実験の体験が中心ですが，回を重ねて参加者の主体的な関わりをサポートする内容に変更しています．図 1 に 2013 年に実施した際の案内ポスターの例を示します．当日のスケジュールを 2014 年の実施内容を例に表 2 に示します．なお，2014 年の実施に関連する科研費の研究課題は，「マイクロスケール実験による理科実験の個別化と

図 1　ポスターの例（2013 年）

言語能力の育成を目指す授業展開の構築」です.

　具体的には開発したマイクロスケール実験による教材実験の紹介と体験が中心で，5 ～ 6 種類の実験テーマで構成しています．個別実験が可能なマイクロスケール実験の特徴を活かした実験形態と，参加者の主体的な活動をサポートする指導体制で取り組んでいます．また，終了後にはアンケート調査も行いました.

表1　ひらめき☆ときめきサイエンスの実施例　（会場：京都教育大学）

|  | 実施日 | テーマ | 参加者 |
|---|---|---|---|
| Ⅰ | 2009年<br>8月8日 | 環境にやさしい化学実験<br>―マイクロスケール実験の体験― | 高校生30名 |
| Ⅱ | 2010年<br>11月13日 | ひらめき☆ときめき理科実験<br>―環境にやさしいマイクロスケール実験の体験― | 中学生31名 |
| Ⅲ | 2011年<br>11月12日 | マイクロスケール化学実験の体験<br>―環境にやさしい新しい実験― | 高校生24名 |
| Ⅳ | 2012年<br>11月10日 | ひらめき・ときめきマイクロスケール実験<br>―環境にやさしい理科実験の体験― | 中学生9名 |
| Ⅴ | 2013年<br>11月9日 | 環境にやさしい新しい理科実験<br>―マイクロスケール実験を体験しよう― | 中学生13名,<br>高校生5名,<br>計18名 |
| Ⅵ | 2014年<br>11月8日 | 実験・観察を通して考える力を身につけよう<br>―マイクロスケール実験の体験― | 中学生33名,<br>高校生5名,<br>計38名 |
| Ⅶ | 2015年<br>11月14日 | 実験で学ぶ理科の面白さ<br>―マイクロスケール実験の体験― | 中学生18名,<br>高校生2名,<br>計20名 |

図2　実施責任者による説明

図3　実験中の会場全体の様子

　図2は実施責任者からの実験の説明，図3は実験中の会場全体，図4と図5はそれぞれ「水溶液の性質」および「気体の発生と性質」をテーマとするマイクロスケール実験の様子を示しています．図6は2015年実施の様子で，呈色板

を用いた塩化銅（Ⅱ）水溶液の電気分解（2.5 ②）を行っているところです．一人
ひとつの実験器具による個別実験で行っています．実験方法等については引用文
献 3) に報告されています．

図4　「水溶液の性質」の実験の様子

図5　「気体の発生」の実験の様子

図6　個別実験による呈色板を用いた塩化銅（Ⅱ）水溶液の電気分解

　JSPS 依頼のアンケート調査に加えて，開発したマイクロスケール実験によ
る教材実験の有効性を確認するためアンケート項目を追加しました．また実験中
の様子については，参加者の了解を得てビデオ録画と写真撮影を行い，実験操作
の際の会話の様子も含め，今後の教材開発の参考としました．TA による実験指
導の様子は学校現場での活用を想定すると貴重な情報であり，また参加者による
ワークシートの記入内容も，重要な評価材料となるため終了後に分析しました．
本プログラムの趣旨であるマイクロスケール実験の普及を図る点からも，参加者
の自由記述による感想の内容も評価として重要となります．実験内容は，毎回異
なりますが，ここでは 2014 ～ 2016 年に実施した際のアンケート結果を紹介
します．

　18 名の中学生を対象に 2015 年に実施（図4）した実験後のアンケート調査 2)
において，呈色板によるマイクロスケール実験の電気分解実験の操作性について，

「5：とても使いやすい，4：使いやすい，3：普通，2：使いにくい，1：とても使いにくい」の5段階評価により，理由と共に回答をもとめました．その結果，有効回答数は17で，5段階評価を点数化すると平均4.2点でした．自由参加による実験教室であったため，受講生の学習履歴，実験経験は様々ですが，操作性に関しては，それらの差違は認められませんでした．操作や観察のしやすさに関して，肯定的な理由として，「変化を集中して見ることができ，銅の金属光沢がはっきりとみえたから」，「（穴で）分けられているので使いやすかった」，「軽くて使いやすい」等がありました．一方，「液がこぼれやすい」，「赤い紙と炭素棒をいれるときちきちだった」，「炭素棒がふれ合わないようにしないといけないから」など，今後の課題となる指摘もありました．

　次に，2014年および2015年の実施した際の自由記述による感想を中心に紹介します．参加した中学生からの感想として，「いろんな実験ができて楽しかったです．いろんな先生に教えてもらって，わかりやすかった」，「一人で進められる実験だったので，うまくできた．楽しかった」，「けっこう近くで見ることができたし，自分ですべてできるのがうれしいです」，「サイズが小さくても，きちんと結果が出ることにおどろいた．環境にやさしい実験ができて良かった」，「いつも授業で1時間かけて行う実験が，少量でとても時短でしっかりと結果がでたので素晴らしいと思いました」，「水溶液の性質は何によってきまるのか．電気によってなぜ水は分解されるのか，新たな疑問をもつことができた．来年も参加したい」，「今までの実験を小さくするだけで，あらたな面白さをつくり出せると思った」，「授業では先生がしているのをながめている実験も一人でできて楽しかった」などがありました．また，付き添いの教員や保護者からは，「部活動でも取り組んでみたい」，「中学校にはない実験器具がたくさんあって面白かった」，「科研費の説明を何故するのか，ふしぎに思ったが，あたりまえに行っていた実験や教育には，実は経費が必要であることをあらためて感じた」などが寄せられました．またTAとして参加した大学生・大学院生からは，準備と片付けにも関わることになり，その経験が将来にわたって役立つという感想が得られました．

　「ひらめき☆ときめきサイエンス」の研究成果社会還元事業としての目的を果たしながら，「マイクロスケール実験の普及」という観点からも意義のある活動であるといえます．

　マイクロスケール実験を中心とした「ひらめき☆ときめきサイエンス」の事業を活用した実験教室は，全国においても実施の報告があります．

　表2は，四天王寺大学教育学部において実施された記録です[4]．2015年か

らはじまり，2022 年まですでに 6 回，実施されています．

表 2　ひらめき☆ときめきサイエンスの実施例（会場：四天王寺大学）

| | 実施日 | テーマ | 実験テーマ | 対象者 |
|---|---|---|---|---|
| I | 2015年10月4日 | マイクロスケール実験の体験―実験通して鍛えよう！コミュニケーション力― | ①身近な水溶液の酸性・中性・アルカリ性の判定<br>②電気分解（塩化銅（II）水溶液や水の電気分解<br>③気体の発生 | 中学生12名 |
| II | 2016年7月31日 | マイクロスケール実験の体験―身の回りの不思議を解明しよう― | ①塩化銅（II）水溶液の電気分解<br>②水溶液のなかまわけ<br>③アンモニアの噴水実験　など | 中学生18名 |
| III | 2018年7月28日 | 金属の不思議を解明しよう！―マイクロスケール実験とタブレット活用の体験― | ①導通テストキット「ほたるくん」の作製と導通実験<br>②金属の化学的性質―金属の溶解と金属樹<br>③電気分解により金属を取り出す | 中学生24名 |
| IV | 2019年7月27日 | 身近な電池の製作と探究実験―電池の仕組みをイオンでとらえるマイクロスケール実験― | ①自分で組立てるダニエル電池<br>②実用電池を体験―鉛蓄電池の組立てと電気分解<br>③備長炭電池自動車・果物電池の作製 | 中学生24名,高校生1名,計25名 |
| V | 2021年7月24日 | 個別で行うマイクロスケール実験により身の回りの気体を調べて環境問題を考えよう | ①空気中の酸素を液体にしてみよう<br>②酸素の性質を調べよう<br>③二酸化炭素の性質を調べよう（炭酸水の性質含む）<br>④水素の性質を調べよう（金属と酸の反応，水の電気分解）<br>⑤爆鳴気の実験（水素と酸素の混合気体）<br>⑥アンモニアの性質を調べよう（アンモニアの噴水等） | 中学生14名 |
| VI | 2022年7月24日 | 電池を作り性能をプログラミングで調べよう―マイクロスケール実験をより楽しく― | ① micro:bit を使った簡単なプログラミングの練習<br>②身の回りにある固体の電気伝導性を micro:bit で調べよう！<br>③ダニエル電池をつくり，電圧変化を micro:bit で調べよう！<br>④備長炭電池をつくり，ミニカーを走らせよう！ | 中学生14名 |

　特徴は，毎回，課題を明確にしてマイクロスケール実験の各実験テーマを構成している点にあります．特にプログラミング教育との連携も視野に，「micro:bit」を用いた測定も組入れています．ICT を使った実験データの記録にも積極的に行われ，実験終了後の結果や考察のまとめにも役だっています．全体発表の場においても，タブレット等の ICT は活用され，マイクロスケール実験による実験結果も拡大してスクリーンに表示され，参加者の間で共有されています．

　図 7 はマイクロスケール実験による鉛蓄電池，図 8 はアンモニアの噴水の実験の様子を示しています．図 9 は，ダニエル電池の実験で，タブレットを使って結果を記録しているところです．図 10 は，最後のまとめで行った全体発表の様子で，タブレットを使って結果を発表しています．

図 7　鉛蓄電池を放電している様子

図 8　アンモニア噴水実験の様子

図 9　実験結果をタブレットで記録

図 10　全体発表会の様子

　表 3 は，TA として協力した学生を対象にしたアンケート結果の一部を示しています．参加者にとっては，マイクロスケール実験の初めての経験であり，わかりやすい説明とサポートが重要になります．その点，マイクロスケール実験は，

実験操作の簡略化にも意識して開発されており，実験教室での活用はメリットが多くあります．また参加者との直接的なやりとりのなかで学ぶことも多く，学生の教師志望のモチベーションも向上したと判断されます．

表3　TA として参加した学生に対するアンケート結果（一部）有効件数 12

| Q1 | 小中高生に知的好奇心を刺激できたと思いますか． | | | |
| --- | --- | --- | --- | --- |
| | 非常に刺激できた | まずまず刺激できた | あまり刺激できなかった | わからない |
| | 6（50 %） | 6（50 %） | 0 | 0 |
| Q2 | 研究成果を受講生にわかりやすく説明することができたと思いますか． | | | |
| | 非常にわかりやすくできた | まずまずできた | あまりできなかった | わからない |
| | 9（75 %） | 3（25 %） | 0 | 0 |

## 引用文献

1）日本学術振興会：https://www.jsps.go.jp/hirameki/boshu.html

2）芝原寛泰：「「ひらめき☆ときめきサイエンス」の実施を通した研究成果の社会的還元事業の活用について」，フォーラム理科教育，22号，65-71，2021

3）佐藤美子・芝原寛泰：「パックテスト容器を用いたマイクロスケール実験による電池・電気分解の教材開発と授業実践―考える力の育成を図る実験活動を目指して―」理科教育学研究，Vol.53, No.1, 61-67, 2012

4）佐藤美子：「「ひらめき☆ときめきサイエンス」の実施を通した教員養成の取り組み―研究成果の社会還元事業から得られるもの―」，四天王寺大学紀要（研究ノート），69号，241-251，2021

## 3.2 ダニエル電池の原理を考える探究授業

### (1) 探究授業の概要

身近な現象や材料を取扱い，探究的な活動と共に理科学習の有用性を実感することが学習課題とされています．一方，「電池」は最も身近な製品でありながら，原理についてはブラックボックス化しています．最初の「実用電池」として位置づけられるダニエル電池は，その動作原理の学習が中学校理科でも扱われ，さらに高等学校化学の学習との連携も必要とされています．ボルタ電池を題材にした電池の原理の説明は難しく [1,2]，ダニエル電池の学習が主に取り上げられています．それを想定した探究的な教材実験と授業等の実践について紹介します [3,4]．

教員志望の大学生14名に対して，高等学校時代のダニエル電池の学習について振り返り，疑問や印象をたずねたところ，

・素焼き板をイオンが通りぬけていくのがよくわからない

・ボルタ電池より複雑で理解せず暗記していた

・極板や電解質溶液に対する印象がうすい

という意見がありました．なお，ダニエル電池の実験の経験がある者は，演示実験を含めても14人中3人で，座学によりもった疑問や印象も含まれています．ダニエル電池は複雑な構造をもつため，学習上の疑問として，以下の3点を想定して教材実験を組立てました．

1) 2種類の溶液がなぜ必要か．

2) 2種類の電解質溶液を半透膜で分けるのはなぜか．

3) 電極板は銅と亜鉛でないといけないのか．

ダニエル電池に関する以上の1)〜3)の疑問を解決するために，今回検討した実験1〜6のテーマを以下に示します．

実験1　Zn板およびCu板と硫酸銅(II)水溶液の反応を調べよう

実験2　ZnとCuのイオン化傾向の違いを確かめよう

実験3　電子の流れを確かめよう

実験4　ダニエル電池の作製と半透膜の役割を確かめよう

実験5　電極と電解質溶液を変えてみよう

実験6　Cu板の代わりに炭素棒を用いる

165

　以上の6種類の実験テーマから，中学校理科あるいは高等学校化学として適切な実験項目を，授業時間の設定を考慮して取捨選択します．各実験について，実験方法及び予備実験で得られた実験結果などについて述べます．実験方法の詳細は引用文献3）および4）を参照してください．

## (2)　実験1　Zn板およびCu板と硫酸銅（Ⅱ）水溶液の反応を調べよう
### <実験の概要>

　1.0 mol/L硫酸銅（Ⅱ）水溶液にZn板とCu板を別々に入れ，各金属板の変化を観察します．実験の結果，すぐにZn板上にはCuが析出，Cu板は変化しなかったので，硫酸銅（Ⅱ）水溶液のCuイオンが還元され，Zn板の表面に析出したことを確認します．ダニエル電池の原理を確かめるには，次にZn板とCu板を接続して硫酸銅（Ⅱ）水溶液に入れることに気づかせます．

## (3)　実験2　ZnとCuのイオン化傾向の違いを確かめよう（図1(a), (b)）
### <実験の概要>

　ZnとCuのイオン化傾向の違いを確かめるため，Zn板とCu板を硫酸銅（Ⅱ）水溶液に入れ，ミノムシクリップで接続します．実験の結果，Cu板上にCuが析出，またZn板にもCuが析出（図1(a), (b)）したことから，Cu板の表面で，硫酸銅（Ⅱ）中の$Cu^{2+}$が還元されたと考え（$Cu^{2+} + 2e^- \rightarrow Cu$），電子の流れに注目させ，次の実験に進みます．

(a) Cu板とZn板をつなぐ　　　(b) Zn板とCu板の変化　　　図2　硫酸銅（Ⅱ）水溶液
　　　図1　Zn板とCu板の反応性を調べる実験　　　　　　　　　中のZn板とCu板

## ⑷ 実験3 電子の流れを確かめよう（図2）

### ＜実験の概要＞

　電子が導線を経由して Zn 板から Cu 板に移動したことをさらに確認するため，実験2で Zn 板と Cu 板をつないだ導線の間にプロペラつきモータを入れ，回転方向から導線中の電子の流れる方向を確認します．実験の結果，Zn 板とプロペラつきモータの－極，Cu 板と＋極につなぐと，プロペラが時計方向に回転したことから，Zn 板から Cu 板へ電子が流れていることを確認します．ここまでの実験では，Cu 板の Cu は直接には反応に関与していないことにも気づかせます．次に，Zn 板に Cu が析出しない実験条件を考え，また Cu 板上の Cu の析出は非常に観察しにくいので，実験方法を検討します．

## ⑸ 実験4 ダニエル電池の作製と半透膜の役割を確かめよう

### ＜実験の概要＞

　ダニエル電池の作製をマイクロスケール実験で行います．半透膜（ビスキングチューブ）の性質を考え，ダニエル電池における役割を実験A, Bで確認します．

**実験 A** マイクロスケール実験によるダニエル電池の作製 （図3(a), (b) 図4(a), (b)）

① スポイトの液だめの部分を切り取り，10 × 5 mm 程度の大きさの窓枠を開けます（図3(a)）．

② 水でぬらした筒状のビスキングチューブ（長さ7 cm，幅2.5 cm）の筒中に，半分ほどスポイトをさしこみ，残りはスポイトの入口方向に折り，窓枠部分を平坦にします（図3(b)）．

(a) スポイトの加工　　(b) 装着後の様子

図3 半透膜の取付け

③ ガラス容器内の片側に寄せて，ビスキングチューブで包んだスポイトをさしこみます（図4(a)）．

④ スポイトの中には 1.0 mol/L 硫酸銅（Ⅱ）水溶液を，ガラス容器には 1.0 mol/L 硫酸亜鉛水溶液を約8割入れます（図4(a)）．

(a) 電解槽の完成　　(b) ダニエル電池の
　　　　　　　　　　　　動作確認

図4 ダニエル電池の組立て

167

⑤ プロペラつきモータ端子と Cu 板および Zn 板をケーブルでつなぎます。モータのプラス側には Cu 板を，マイナス側には Zn 板をつなぎます。

⑥ 硫酸銅 (II) 水溶液には Cu 板を，硫酸亜鉛水溶液には Zn 板をさしこみプロペラの回転の様子を確認します (図 4 (b))．測定の結果，1.1 V，20 m A を示しました。

**実験 B 半透膜の役目を考える** (図 5 (a), (b), (c))

半透膜の部分を加工したスポイトで覆い，半透膜の役目を考えます。実験 A でプロペラモータが回転することを確かめ，Cu 板が入れてあるスポイトの窓枠のある側に，半分に切って加工したポリスポイト (図 5 (a)) をさしこみます (図 5 (b))．プロペラの回転の様子を実験 A の場合と比較します (図 5 (c))．加工したスポイトで半透膜をふさいだときのプロペラの回転を観察して，半透膜の役割について考えます。

実験の結果，半透膜をふさぐとプロペラの回転がとまります。半透膜をふさぐと溶液中のイオンの移動が妨げられ，電荷の移動がなくなり，モータを流れる電子の移動もなく回路が形成されていないことに気づきます。半透膜はダニエル電池においては，溶液の混合を防ぐだけでなく，イオンの通過を可能にしていることがわかります。

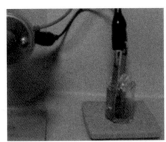

(a) スポイトの加工　(b) 電解槽に入れた様子　(c) 放電中にスポイトをさしこむ

図 5 半透膜の役目を考える実験

## (6) 実験5 ダニエル電池の電極と電解質溶液を変えてみよう（図6）

### ＜実験の概要＞

実験4で作製したダニエル電池において，電極の種類を変えた場合や，溶液の種類を変えた場合の結果を予想しながら実験結果を確認します．同じ濃度の $MgSO_4$ 水溶液と $NiSO_4$ 水溶液を調製して，電極は同じ大きさの Ni 板と Mg 板を用います．すなわち，負極では $Zn/ZnSO_4$ の代わりに $Mg/MgSO_4$ を，正極では $Cu/CuSO_4$ の代わり

図6 $Mg/MgSO_4 - Ni/NiSO_4$ 系で作製した「ダニエル電池」

に $NiSO_4$ を用いてダニエル電池を構成します．実験の結果，$NiSO_4$ 水溶液に Ni 板，$MgSO_4$ 水溶液に Mg 板を入れても，通常のダニエル電池と同じように放電がおこり，プロペラの回転が認められ，1.1 V，20 mA の起電力が得られました（図6）．イオン化傾向の順（Mg > Zn > Ni ≫ Cu）で考えて，電極として Mg と Ni を用いても，起電力が生じることがわかります．また電極と同じ金属成分を含む溶液を用いることにも気づきます．

## (7) 実験6 Cu 板の代わりに炭素棒を用いる（図7(a), (b), (c)）

### ＜実験の概要＞

Cu 板の代わりになる電極の材料を考え，電池ができるかを確かめます．また，Cu 板の上に析出する銅の観察が難しいので，銅の析出を確認できる方法も考えます．ここでは，Cu 板の代わりに炭素棒を使って，実験4の実験Aと同じ条件で行います．実験の結果，実験4のダニエル電池と同じ起電力（1.1 V，25 〜 30 mA）が得られ（図7(a)），炭素棒の表面にも銅が析出していることが色から容易に確認できました（図7(b), (c)）．電極は Cu 以外でも起電力が得られたことから，イオン化傾向の大小から判断して，Cu と同じように水素よりも還元されやすい材料であれば電極として使えることがわかります．

| (a)　放電の様子 | (b)　放電前の電極表面 | (c)　放電後の電極表面 |

図 7　Cu 板の代わりに炭素棒を用いる実験

## (8)　授業等における実践

　開発したダニエル電池の教材実験を含む実験 1 〜 6 で構成した探究的な授業展開を基に，実践①教員志望の大学生，及び「3.1　ひらめき☆ときめきサイエンスにおける活用」の表 2 Ⅳに参加の中学生を対象に行い，教材実験としての有効性及び授業展開の良否について確認しました．

### 実践①　教員志望の大学生を対象

　教員志望大学生 14 名を対象に，2 回にわけて実験 1 〜実験 6 について行いました．マイクロスケール実験の意義と開発の経緯，教材実験の趣旨，さらに意見交換も含めた授業実践を行いました．実験後のアンケート調査により，教材実験の評価の分析，今後の検討課題の抽出を行いました．この実践では①実験を通してダニエル電池に対する疑問を解決できたか，②ダニエル電池の動作原理を考えるのにどの実験が最も有効であったか，③実験結果を明瞭に確認できたか，④実験操作を安全に行えたかの 4 点について検証しました．なお，授業の中で，エネルギーと化学反応の関係を講義しながら，電池を例に演習として一人ひとつの器具を準備して個別実験の形で行いました．図 8 では，実験 3 において導線でプロペラにつないだ Cu 板と Zn 板を硫酸銅 (II) 水溶液に浸けようとしています．図 9 は実験 4 の実験 B において，半透膜のビスキングチューブを加工したスポイトで覆うことによりプロペ

図 8　Zn 板と Cu 板を接続して硫酸銅 (II) 水溶液につける

ラの回転が停止したところです．図 10 は，電極の材料と電解質溶液を代えて行う実験 5 の様子を示し，電池の負極側は $Mg/MgSO_4$（1 mol/L），正極側は $Ni/NiSO_4$（1 mol/L）で構成しています．

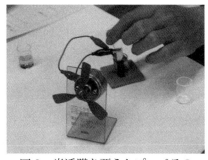

図 9　半透膜を覆うとプロペラの
　　　回転が停止

図 10　電極と電解質溶液を代えて
　　　　構成

また本授業で体験した実験のうち，「ダニエル電池の動作原理を考えるのにどの実験が最も有効であったか」の設問に対する回答のまとめを表 1 に示します．複数選択を可として回答を求め，実験 3，4，6 の 3 種類の体験が有効であるという結果が得られました．実験 4 によりダニエル電池の原理を考える上で，最も重要な半透膜の役割や電子の流れに対する疑問が払拭されたと考えられます．また陽極の活物質が電極材料の Cu ではないことに気づかせる実験 6 は，受講生に意外性を与えたと考えられます．

表 1　アンケート結果（回答件数，$N = 14$，複数回答）

| 実験番号 | 実験内容 | 件数 |
|---|---|---|
| 実験 4 | ダニエル電池の作製と半透膜の役割を確かめよう | 4 |
| 実験 6 | Cu 板の代わりに炭素棒を用いる | 4 |
| 実験 3 | 電子の流れを確かめよう | 4 |
| 実験 1 | Zn 板および Cu 板と硫酸銅（II）水溶液の反応を調べよう | 2 |
| 実験 2 | Zn と Cu のイオン化傾向の違いを確かめよう | 1 |

**実践②　中学生を対象**

　ひらめき☆ときめきサイエンス（JSPS 主催）に参加の中学生（24 名）を対象に実践を行いました．受講生は中学校 1 ～ 3 年にわたり，実験経験も多様ですが，特徴として実験に対する興味・関心が高くまた積極的な探究的態度が見られたこ

とです. 中学生が対象であること, 90 分の時間内での実施を踏まえ, 実験 5 は割愛しました. 実験は一人ひとつの実験器具による個別実験で, 発表会や実験中の協力は 4 人 1 班の構成で行いました. また実験中は, 大学生による TA を各班に配置して, 実験に慣れていない受講生にも対応し, 安全な操作を優先しました. 実験中の様子を図 11 (a), (b), (c)に示します. 図 11 (c)は, タブレットを使い, 観察結果を動画・静止画で記録を行っていますが, 終了後の発表会の資料としても活用しました.

(a) Zn 板を硫酸銅 (Ⅱ) 水溶液につける　　(b) 半透膜を覆うとプロペラの回転が停止　　(c) タブレットによりの動作を動画で記録

図 11 中学生によるダニエル電池の実験

実験中にワークシートに記録された観察結果より抜粋した例を以下に示します.

### ＜実験１と２より　Zn 板の変化について＞

・亜鉛板と銅板をつないで硫酸銅につけると, 亜鉛板は黒く変色して光沢を失い, 銅板はさらに光沢が出た.
・亜鉛板はザラザラしている.
・つけたところだけ黒くなり, 熱が出た.
・亜鉛板をふきとると赤茶色のものがとれて, 黒いところはザラザラしていて, 亜鉛は溶けた.

### ＜実験４より　半透膜について＞

・半透膜をふさぐと急にとまった. ビスキングチューブは何かを通すと思う.
・半透膜があるのに, 反応するのはなぜなのだろうか. 半透膜はイオンをとおすから反応した.

## ＜実験6より　銅板の代わりに炭素棒を用いたことについて＞

・銅板がなくても炭素棒でも実験できる．炭素棒のほうが安価で銅である必要はない．

・炭素棒は銅と同じ役割をする．

・太い炭素棒では，プロペラは速く回った．シャーペンの芯では全く回らなかったが，両方とも表面は銅色になったので，反応していることはわかった．

　以上の記述より，個別実験を通して観察が詳細になっていることがわかりました．

　ここに紹介する探究授業では，事前にダニエル電池に対して生徒がもつ疑問点のいくつかを想定して，それらを解決するための実験テーマをもとに，実験の順序も考慮して，授業展開を検討しています．教員志望の大学生及び中学生を対象に実践を行った結果，①疑問点に沿った探究的な実験プロセスに興味・関心をもたせること，②ダニエル電池の動作原理を考えるための授業展開が有効であること，が確認できました．特に電極板の種類や組合わせ，電解質溶液の種類を代える実験は，ダニエル電池の原理を考える上で有効であることがわかりました．

## 引用文献

1）渡辺正・片山靖：『電池がわかる　電気化学入門』，オーム社，2011

2）坪内宏・雨宮孝志・堀川理介：『検定外 高校化学 考える力をはぐくむために』，化学同人，2006

3）芝原寛泰・佐藤美子：「マイクロスケール実験によるダニエル電池の教材開発と探究的授業デザインの構築―新学習指導要領による中学校理科への導入に向けて―」，京都教育大学教職キャリア高度化センター教育実践研究紀要，2号，95-104，2020

4）芝原寛泰・佐藤美子：「ダニエル電池の原理を探究するマイクロスケール実験―中学校理科への導入をふまえて―」，日本理科教育学会全国大会課題研究発表論文集，57，2019

# 第4章

## マイクロスケール実験に活用できる実験器具

　マイクロスケール実験の特徴の一つは，ダウンサイジングした実験器具を用いることです．試薬量の削減だけでなく，机上の実験スペースを小さくして個別実験を可能にします．試薬量を少なくすることは，万一の事故防止にもつながりますが，器具が小さいため，より詳細な観察が求められ，安全メガネ（保護メガネ）の着用が必要となります[1]．

## 4.1　電気分解に用いる電源

　電気分解の実験に用いる電源に必要な条件として，まず直流電源であり $1.5 \sim 10$ V の範囲で安定して出力できることがあげられます．操作が簡単で安全性が高く安価であることも条件です．例えば，水の電気分解に必要な電圧は約 $1.23$ V[2] ですが，活性化エネルギーや，さらに電極付近の観察のしやすさと実験時間を考慮すると $3 \sim 9$ V が適当です．また同時に複数の実験が進行できるよう電源の分配も必要です．分配しても十分な電流が確保できることも条件となります．

　次にマイクロスケール実験に便利な電源の例と活用例をいくつか示します．

### ⑴　USB電源の活用

　コンピューターの周辺機器の接続に用いる USB は，直流 5 V の供給源として有効です．さらに電源供給が可能な USB ハブを分配器として用いると，4 ヶ所でも同時に安定して電気分解実験が可能な電源となります．図1は市販のスイッチつき USB ハブの例です（規格値は 5 V，

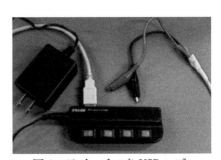

図1　スイッチつき USB ハブ
（5 V，500 mA，4 ポート）

500 mA）．USB ハブに個別のスイッチがついていると，個別実験には大変便利です．自分のペースで電源のオンオフができます．電気分解用の電極に直接つなぐには，USB ケーブルの先端を加工してミノムシクリップに取り替えると便利です（図2）．USB の4本のケーブルのうち2本（緑と白）は使いません．通電用の2本（赤と黒）をミノムシクリップつきのケーブルに接続します．作製方法については引用文献[1]を参照してください．加工した USB ケーブルも市販されています．

## ⑵　直流電源装置の活用

　小型の直流電源装置は，様々な目的に使われるため，すでに実験室に備わっている場合が多いですが，これを有効活用します．⑴で紹介したUSBハブを分配器として用いると，同時に3〜4人で実験が可能になります．電源供給が可能なUSBハブのUSB端子(mini USB TypeB)を直流電源装置の出力端子にケーブル接続します．加工してミノムシクリップを取付けたUSBケーブルのUSB Type A端子(図2参照)をUSBハブに挿します．図3の例では，パックテスト容器を用いた塩化銅(II)水溶液の電気分解を行っています．同時に4ヶ所で電気分解が可能ですが，直流電源側では電圧5 V，電流440 mAの出力値を示し，各電気分解の電極では，5 V，110 mAに分配されています．過度の電圧，電流にならないよう，直流電源装置側で出力電圧を固定するなど，安全性の確保が重要です．

図2　加工したUSBケーブル

図3　直流電源装置の活用

## ⑶　6P乾電池の活用

　ボックス型の乾電池(6P)は9 Vの直流電源として利用できます[3,4]．電圧が比較的高いので，反応が早く進むため注意が必要です．図4は，パックテスト容器にさしこんだ電極の炭素棒に直接に6P乾電池を接続して，塩化銅(II)水溶液の電気分解を行っているところです．

図4　乾電池(6P)の活用

## (4)　ボタン電池の活用

　小型で取扱いが簡単なボタン電池も活用できます．ボタン電池は多種類ありますが，電気分解実験用として，市販のボタン電池 CR2032（リチウム電池，3 V，直径 20 mm，厚さ 3.2 mm）を用いた例を示します．CR2032 の 2 個を専用のボックスに入れると，約 6 V の直流電圧がえられます．図 5 は，CR2032 の 1 個を用いて，塩化銅（Ⅱ）水溶

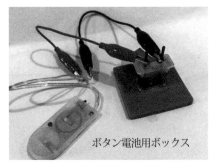

ボタン電池用ボックス

図 5　ボタン電池の活用

液の電気分解に用いている例です [4]．電池用ボックスのスイッチにより制御しながら，生徒が個別に自分のペースで実験を進めることができます．

## (5)　その他の電源の活用

　図 6 は，手回し発電機を用いた例です．約 5 V の電圧に上限設定された手回し発電機を用いると安全に行うことができます．力学的エネルギーから電気エネルギー，さらに化学エネルギーに変換される様子を体験することができます [4]．

　図 7 は，携帯式で充放電可能なバッテリーを電源として用いた例ですが，出力電流は製品により異なりますので，複数の電気分解実験を同時に行うには，事前の確認が必要です．

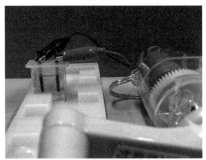

図 6　手回し発電機の活用　　　　図 7　携帯式バッテリーの活用

## 4.2　反応容器について

　マイクロスケール実験に用いる反応容器として，教材開発者により多種多様な
タイプのものが提案されています．ここでは，今までの経験から，経費と使いや
すさの点で有効性が確認できたものについて紹介します．

### ⑴　セルプレートの活用

　セルプレートはポリスチレン製の透明容器で，医療や生化学の分野において
検査用の容器として，多くの種類が市販されています．一般には「マイクロプ
レート」，「培養用セルプレート」などの名称で市販されています．大きさは
約 $8.5 \times 12.5 \times 2.5$ cm で統一されています．セルの数（穴の数）により，
96，48，24，12，6 穴等の種類がありますが，マイクロスケール実験では
実験の目的により使い分けています．直火による加熱は不可で，アセトン等の
有機溶剤にも不向きです．図8 に例として 48 穴のセルプレートを示します．
48 穴のセルプレートを「金属イオンの沈殿反応」[1] の実験に用いた例を図9
に示します．「金属イオンの沈殿反応」は 96 穴のセルプレートを用いると，
さらに同時に多くの反応を比較観察することができます[5]．

　6 穴のセルプレートは穴が大きく，小学校理科実験に向いています．セルプ
レートの穴は，縦と横に規則的に配置され，実験条件による結果の違いをマト
リックスに配置できるので，分類や論理的思考にも役立ちます．例えば，セル
プレートの穴の配置を活用して，採取した植物の種や岩石・鉱物の特徴に従っ
て，マトリックスに配置して分類に使うこともできます．

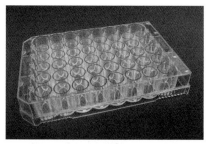

図8　48 セルプレートの例

図9　48 セルプレート
　　「金属イオンの沈殿反応」

　また 12 セルプレートを使いプッシュバイアルびんを固定して，「気体の発生と性質」の実験を行っている例を図 10 に示します [6]．セルには指示薬を入れ気体の同定に使うこともできます．図 11 に「水溶液のなかまわけ」の実験で，24 セルプレートを使い，付属する「ふた」を活用して，リトマス紙を並べ比較している例を示します [1]．

図 10　12 セルプレートによる「気体の発生と性質」

図 11　セルプレートの「ふた」を活用した例「水溶液のなかまわけ」

## ⑵　呈色板の活用

　セルプレートに比べ，安価で重ねて保管できる点ですぐれている「呈色板」も活用できます．以前から磁器製の「呈色反応皿」は，化学実験で用いられています．マイクロスケール実験では，プラスチック製の呈色板を用いますが，10 穴と 6 穴の 2 種類が市販されています．熱には弱いので，「炎色反応」など燃焼を伴う実験には磁器製が適しています．呈色板のメリットとして，セルプレートに比べて，より試薬量の削減が期待できます．図 12 は，塩化銅（Ⅱ）水溶液の電気分解の例を示しています [7]．電極にはホルダー芯を用いていますが，呈色板の穴に入れた，5 〜 6 滴の溶液でも十分に電気分解が可能です．穴が深くないため，電極付近の反応の様子も観察しやすく，また電極を溶液から取り出すだけで，電気分解を終了させることができます．詳しくは，2 章 2.5 ②を参照して下さい．

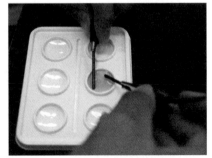

図 12　呈色板による「塩化銅（Ⅱ）水溶液の電気分解」

図13(a)は呈色板を用いて，「金属のイオン化傾向」を確認する実験に活用した例[8]です．図13(b)は一部を拡大して，酢酸鉛(II)水溶液と亜鉛の反応により生成した金属樹を示しています．セルプレートを用いた場合[1]と，同じ操作方法でより試薬量を少なくして安価に実験が可能です．

2.4 [2]の図3および図4では，固体や溶液の電気伝導性を調べる実験において，呈色板を活用しています．図14は，「でんぷん調べ（ヨウ素でんぷん反応）」に活用した例で，呈色板の穴に身近な材料（パンやご飯粒など）をのせ，ヨウ素液を滴下しています[8]．その他，呈色板は，「金属イオンの沈殿反応」，「だ液のはたらき」，「水溶液のなかまわけ」[8]などの実験にも，セルプレートと同様に活用が可能です．

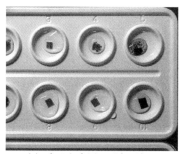

(a) 色々な金属の反応の違い

(b) ろ紙の酢酸鉛(II)水溶液と
亜鉛の反応

図13 呈色板による「金属のイオン化傾向」

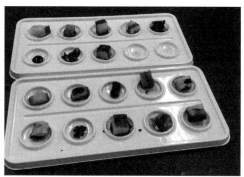

図14 呈色板による「でんぷん調べ（ヨウ素でんぷん反応）」

## ⑶　その他の反応容器

　「パックテスト容器」（「マイクロスケール用セル」として市販，約 2 × 1 × 3 cm）は，環境分析用キットの部品として入手できます．また専用の固定台も市販され，マイクロスケール実験では取扱いやすく様々な実験に活用できます．側面の 4 面が透明で，内部の観察も容易です．図 15 は，鉛蓄電池の電解槽[1]として使った例ですが，その他の電気分解実験でも多く使われています[9]．本章では，図 3 ～ 7 で例を確認することができます．

　「分光セル」は，分光分析機器で検体試料を入れるのに使われますが，マイクロスケール実験では，安価なプラスチック製の可視光分光用の分光セルを容器として用います．大きさが約 1 × 1 × 4.5 cm で，側面のうち 2 面は透明で，内部の観察には適しています．図 16 に分光セルを用いた「シュリーレン現象の観察」[1,8]，図 17 に「塩化銅（Ⅱ）水溶液の電気分解」の各実験例[10]を示します．図 16 では，溶けた物質が流れ落ちる様子が，図 17 では，電極付近の変化の様子が詳細に観察できます．

　「シリンジ」は安価なプラスチック製が反応容器あるいは注入器として便利です．液体，気体を問わず使うことができます．容量も様々で，実験内容により使い分けます（図 18）．また先端には，自由に開閉できるコックも取りつけることができ，図 19 は三方活栓の例です．2.3 ⑤ には，シリンジと活栓コックを活用した気体の実験を紹介しています[11]．

　プラスチック製の「シャーレ」（ペトリ皿）も，ふたを活用すると有毒な気体を密閉することができます．図 20 は，シャーレの底とふたに，濃塩酸と濃アンモニア水の数滴を滴下して，落下してくる塩化アンモニウムの白色生成物を観察しているところです[1]．

　プラスチック製のストローを活用して簡単に実験器具を組立てることもできます[12]．図 21 は，酸化還元滴定（ヨウ素滴定）の滴定台として 96 セルプレートを用い，ビュレットを活栓つきプラスチック製マイクロピペットで置き換え，さらにストローを組合わせて支えています[13,14]．

　ナイロン 66 の合成実験において反応容器としてペットボトルのキャップを用いた例を図 22 に示します．この実験では，ストローと 96 セルプレートを台にして，割り箸にナイロン 66 を巻きつけています[15]．ペットボトルキャップをさらに活用した実験例も報告されています[16]．図 23 は，小型のガラス容器（サンプル管びん）を使い，振動反応（BZ 反応）を行った例です[17]．ガラス製容器は，プラスチック製容器とは異なり，耐熱性，耐薬品性にすぐれてい

るため，様々な実験で活用されています[18,19,20]．

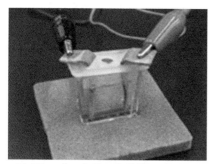

図15 パックテスト容器による
「鉛蓄電池」

図16 分光セルによる
「シュリーレン現象の観察」

図17 分光セルによる「塩化銅
（Ⅱ）水溶液の電気分解」

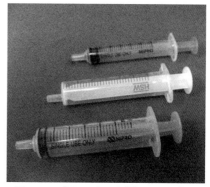

図18 プラスチック製シリンジ
（上から2，3，5 mL）

図19 シリンジに取付ける活栓コック

図20 シャーレ内での濃塩酸と
濃アンモニア水の反応

図21　ストローを活用した滴定
　　　実験用器具

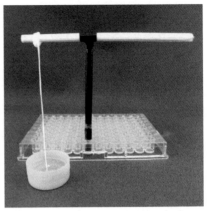

図22　ナイロン66の合成実験に
　　　用いたペットボトルキャップ

図23　振動反応（BZ反応）に用いた小型ガラス製容器（サンプル管びん）

### 引用文献

1）芝原寛泰・佐藤美子：『マイクロスケール実験－環境にやさしい理科実験』，オーム社，2011　同英訳版 H. Shibahara and Y. Sato：『Microscale Experiment-Environment Conscious Science Experiment』，オーム社，2016

2）坪村宏・雨宮孝志・堀川理介：『検定外 高校化学 考える力をはぐくむために』，化学同人，2006

3）荻野博・荻野和子：「新しい化学実験法－マイクロスケールケミストリー」，放送大学特別講義，2006

4）佐藤美子・芝原寛泰：「パックテスト容器を用いたマイクロスケール実験による電池・電気分解の教材開発と授業実践—考える力の育成を図る実験活動を目指して—」，理科教育学研究，Vol.53, No.1, 61-67, 2012

5）川本公二・坂東舞・芝原寛泰：「高等学校化学における金属陽イオン分析と未知試料分析のマイクロスケール実験教材」，化学と教育，Vol.54, No.10, 548-551, 2006

6）佐藤美子・芝原寛泰：「マイクロスケール実験による実感を高める「気体の発生と性質」の教材実験—個別実験と時間短縮を目指して—」，科学教育学研究，Vol.38, No.3, 168-175, 2014

7）佐藤美子・山口幸雄・芝原寛泰：「呈色板を用いたマイクロスケール実験による電気分解の教材開発と授業実践」，科学教育研究，Vol.41, No.2, 213-220, 2018

8）芝原寛泰編著：『理科教員の実践的指導のための理科実験集』，電気書院，2017

9）佐藤美子・芝原寛泰：「パックテスト容器を用いたマイクロスケール実験による電池・電気分解の教材開発と授業実践—考える力の育成を図る実験活動を目指して—」，理科教育学研究，Vol.53, No.1, 61-67, 2012

10）奥野晃久・芝原寛泰：「分光セルを用いた電池・電気分解のマイクロスケール実験」理科教育学研究，Vol.51, No.1, 23-29, 2009

11）中野源大・芝原寛泰：「高等学校化学における二酸化窒素を用いた化学平衡の移動実験—マイクロスケール実験による教材開発及び授業実践—」，理科教育学研究，Vol.54, 393-401, 2014

12）S. Thompson：『CHEMITREC』（small-scale experiments for general chemistry），Prentice Hall, 1989

13）越智裕太・芝原寛泰：「マイクロスケール実験による酸化還元滴定の教材開発—高校化学におけるヨウ素滴定—」，フォーラム理科教育，No.14, 11-18, 2013

14）清水万貴・芝原寛泰：「プラスチック製ビュレットを用いた酸化還元滴定の教材開発—マイクロスケール化による個別実験を目指して—」，日本理科教育学会近畿支部大会発表論文集，52, 2009

15）今井駿・芝原寛泰：「マイクロスケール実験による6，6-ナイロンの合成—実験操作の簡略化を目指して—」，日本理科教育学会近畿支部大会発表論文集，85, 2012

16）T. Nakagawa：「Low-cost handmade well plates for microscale experiments」，School Science Review, Vol.103, No.382, 23-26, 2021

17）江上結香：「高校化学における振動反応の教材化」，京都教育大学卒業論文，2004

18) 佐々木努・矢澤有希子：「サンプル管を用いたアセチルサリチル酸の合成」，第9回国際マイクロスケール実験シンポジウム・マイクロスケールケミストリー，第4回シンポジウムーグリーン化学実験ー，2017

19) 巻本彰一・藤田義人：「有機化学実験のスモールスケール化(4)サンプル管ビンを反応容器としたアセチレン合成」，京都教育大学紀要，13-23，2019

20) 菅原一晴：「バイアル瓶を用いた化学実験の提案」，前橋工科大学研究紀要，20，53-57，2017

# 索 引

## ■さ行

──── 執筆担当部分 ────

芝原　寛泰　　1 章, 2 章 2.1②, 2.3③, 2.4③, 2.5②, 2.5③, 2.6①, 2.6②,
　　　　　　　2.6③, 3 章, 4 章
佐藤　美子　　2 章 2.1①, 2.3①, 2.4②, 2.5④
柴辻　優俊　　2 章 2.1③, 2.3④
齋藤　弘一郎　2 章 2.4④, 2.5①
谷﨑　雄一　　2 章 2.2②, 2.4①
坂東　舞　　　2 章 2.2①, 2.3②
田中　雄貴　　2 章 2.1⑤
中神　岳司　　2 章 2.1④
中野　源大　　2 章 2.3⑤
沼口　和彦　　2 章 2.1⑥

── 著 者 紹 介 ──

編著
芝原 寛泰　（しばはら　ひろやす）　京都教育大学　名誉教授　工学博士

著
佐藤 美子　（さとう　よしこ）　　四天王寺大学教育学部　教授
　　　　　　　　　　　　　　　　博士（学校教育学）
柴辻 優俊　（しばつじ　ゆうしゅん）　京都市立山科中学校　教諭
齋藤 弘一郎（さいとう　こういちろう）宮城県古川黎明中学校・高等学校　教諭
谷﨑 雄一　（たにざき　ゆういち）　大阪教育大学附属平野中学校　教諭
坂東 舞　　（ばんどう　まい）　　宇治市立小倉小学校　教諭
田中 雄貴　（たなか　ゆうき）　　京都府立山城高等学校　教諭
中神 岳司　（なかがみ　がくし）　京都府立桃山高等学校　教諭
中野 源大　（なかの　げんた）　　京都府立北稜高等学校　教諭
沼口 和彦　（ぬまぐち　かずひこ）宮崎県立宮崎大宮高等学校　指導教諭

ⓒHiroyasu Shibahara　2023

授業で使えるマイクロスケール実験

2023年 5 月 25 日　　第 1 版第1刷発行

編　著　芝　原　寛　泰

発 行 者　田　中　　　聡

発 行 所
株式会社 電 気 書 院
ホームページ　www.denkishoin.co.jp
（振替口座　00190-5-18837）
〒101-0051　東京都千代田区神田神保町1-3 ミヤタビル2F
電話(03)5259-9160／FAX(03)5259-9162

印刷　中央精版印刷株式会社　DTP　Mayumi Yanagihara
Printed in Japan／ISBN978-4-485-30120-3

• 落丁・乱丁の際は，送料弊社負担にてお取り替えいたします.